Jürgen Hesse
Hans Christian Schrader

Testtraining Logik

Eignungs- und Einstellungstests sicher bestehen

Beruf & Karriere exakt

STARK

Die Autoren
Jürgen Hesse, Jahrgang 1951, geschäftsführender Diplompsychologe im Büro für Berufsstrategie, Berlin.
Hans Christian Schrader, Jahrgang 1952, Diplompsychologe in Baden-Württemberg.

Anschrift der Autoren
Büro für Berufsstrategie
Hesse/Schrader
Oranienburger Straße 4–5
10178 Berlin
Tel. 030 / 28 88 57–0
Fax 030 / 28 88 57–36
www.berufsstrategie.de

www.berufsstrategie-exakt.de
– Kostenlose Downloads von weiteren Testaufgaben zum Üben
– Bearbeitungsregeln für Testaufgaben

ISBN 978-3-86668-379-2

www.stark-verlag.de
1. Auflage 2006

Inhalt

Einleitung

Welcher Tag war vorgestern,
wenn der Tag nach übermorgen zwei Tage vor Samstag liegt?

Mit den Wochentagen kennen Sie sich doch aus – oder? Und was heute für ein Wochentag ist, wissen Sie auch. Dass die einzig richtige Antwort auf die Frage oben »Samstag« ist, ist doch *logisch.*

Und da ist es, unser Stichwort für dieses Buch: Es geht um Logik, und die soll ja bekanntlich etwas mit Intelligenz zu tun haben. Für halbwegs intelligent halten Sie sich doch. Deshalb wissen Sie ja auch, wie viele Tage und Wochen ein Jahr hat, wer der erste Kanzler der Bundesrepublik Deutschland war und was das Gemeinsame von Elefant und Veilchen ist. Oder etwa nicht?

Wie wäre es denn damit: *Alle Bleistifte sind Würmer, und Würmer können fliegen. Können nun alle Bleistifte fliegen und alle Würmer schreiben?* Die Realität ist natürlich außer Kraft gesetzt.

Mit derartigen »Intelligenztests« – und die hier aufgeführten Fragen stammen aus solchen – ist man nicht zuletzt dem logischen Denkvermögen auf der Spur. Neben dem so genannten Allgemeinwissen werden dabei Rechen- und Rechtschreibleistungen, Merkfähigkeit, Gestaltwahrnehmung und räumliches Vorstellungsvermögen geprüft. Außer den Intelligenztests gibt es noch Leistungs-Konzentrations- und Persönlichkeitstests sowie Assessment-Center-Testverfahren.

Unsere gegenwärtigen Vorstellungen von Intelligenz werden häufig als unzureichend empfunden. Bis wir aber eine neue und bessere Theorie entwickelt haben, müssen wir uns weiterhin das Gerede über die Intelligenz und den IQ-Test anhören, so der amerikanische Intelligenzforscher und Psychologieprofessor Howard Gardener. Trotzdem werden für mehrere hunderttausend Menschen jedes Jahr fragwürdige und völlig veraltete Intelligenztests zu Fallstricken für ihre berufliche Entwicklung und Zukunft.

Einen ganz wesentlichen Baustein der Überprüfung von so genannter Intelligenz bilden (neben den Allgemeinwissensaufgaben) die speziellen Logik-Testaufgaben, von denen Sie einige eben schon kennen gelernt haben. Mit dem Begriff Logik wird ein folgerichtiges, schlüssiges, gültiges, »denkrichtiges« Denken bezeichnet, das zu einleuchtenden, offenkundig und selbstverständlich richtigen Schlussfolgerungen und Aussagen führt. »Logisch«, dass Testanwender gern über diese Art des Denkens verfügen möchten und auch ihre Testkandidaten bezüglich dieser Qualitäten einer ausführlichen Prüfung unterziehen. Ihrer eigenen Unlogik – d. h. ihres wissenschaftlich und menschlich höchst fragwürdigen Vorgehens – sind sie sich dabei natürlich nicht oder nur sehr selten bewusst.

Das logische Denken und auch die damit eng verwandte Abstraktionsfähigkeit sind »Highlights« eines jeden Intelligenztestverfahrens. Mit Hilfe unterschiedlicher Testaufgabentypen versuchen die Tester, sich an die Logik- und Abstraktionsfähigkeiten der Getesteten heranzupirschen. Dabei sind im Wesentlichen grafische, sprachliche und Zahlenaufgaben zu unterscheiden.

Im ersten Teil dieses Buches stellen wir Ihnen 22 Aufgabentypen vor, mit Beispielen und zahlreichen Übungen (Lösungsverzeichnis ab S. 154). Im zweiten Teil (ab S. 115) finden Sie zunächst allgemeine Bearbeitungshilfen für Tests und anschließend detaillierte Lösungsstrategien sowie spezielle Tricks für einzelne Logik-Testaufgabentypen.

Der Testaufgabenteil ist wie folgt aufgebaut: Zunächst wird die Aufgabenstellung erklärt und durch Beispiele illustriert. Dann folgt die Angabe, wie viele Aufgaben in welcher Zeit zu bearbeiten sind. In der realen Testsituation ist es ganz ähnlich. Nur: Hier erfahren Sie nicht, wie viel Zeit Sie für wie viele Aufgaben haben.

Erst wenn Sie die Aufgabenstellung verstanden haben, dürfen Sie mit der Bearbeitung anfangen. Dann läuft die Uhr, und damit Sie das so realistisch wie möglich üben können, empfehlen wir Ihnen, die Aufgabenbearbeitung hier im Buch einmal unter Zeitdruck mit einer Stoppuhr durchzuführen.

Ganz wichtig zu wissen: In den meisten Fällen werden Sie – wie in der realen Testsituation auch – die große Menge der Aufgaben in der Kürze der Zeit nicht erfolgreich bearbeiten können. Das ist auch in der Testrealität so intendiert, d. h. man will Sie als Kandidaten zusätzlich unter

Stress setzen, indem Sie erleben müssen, wie wenig Sie eigentlich schaffen. Hinzu kommt, dass die Aufgaben in der Regel im Schwierigkeitsgrad ansteigen, so dass Sie immer langsamer vorankommen.
Für Ihre persönliche Auswertung berücksichtigen Sie bitte, dass 50 Prozent richtig gelöster Aufgaben (der Gesamtmenge eines Testaufgabentyps) schon recht befriedigend sind. 100 Prozent sind im Grunde genommen nie zu erreichen, und wenn Sie um die 70 Prozent liegen, können Sie mit Ihrer Leistung wirklich sehr zufrieden sein.
Übrigens: Wer alles bzw. fast alles richtig löst, kann trotzdem nicht sicher sein, dass er sein angestrebtes Ziel erreicht, denn oftmals sind Testern und Personalchefs zu gute Kandidaten im höchsten Maße suspekt.
Unser Anliegen ist es vor allem, dass Sie sich mit den verschiedenen Logik-Testaufgabentypen vertraut machen und somit besser wissen, was bei einer testgesteuerten Personalauslese auf Sie zukommen kann. Wir wissen aus unserer 20-jährigen Praxis, dass der Lern- und Trainingseffekt enorm groß ist. Entstehende Ähnlichkeiten zwischen den Tests hier und denen in der realen Prüfungssituation sind nicht zufällig.

Weitere Informationen und zusätzliche Tests finden Sie auf der Homepage www.berufsstrategie-exakt.de im Internet.

Logik-Aufgaben

1. Figurenreihen fortsetzen

Mit welcher Auswahlfigur unten (a, b, c, d oder e) kann man die Figurenreihe oben richtig fortsetzen?

1. Beispiel:

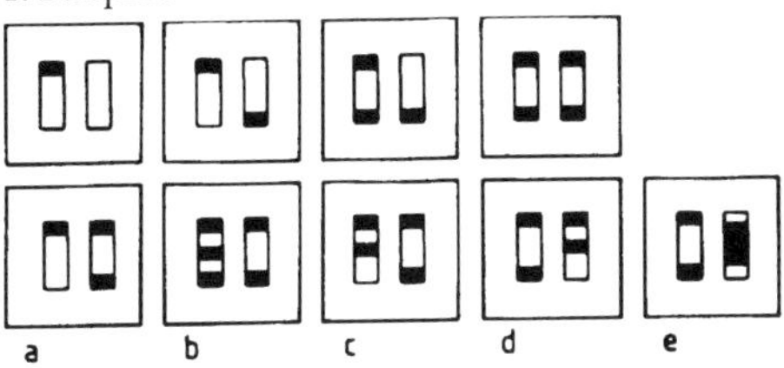

Lösung: b (Erklärung: Hier werden in die Rechtecke schwarze Balken eingefügt: erst in das linke oben, dann in das rechte unten, dann in das linke unten, im vierten Bild rechts oben. Die Fortsetzung kann nur wie bei Lösungsvorschlag b erfolgen.)

2. Beispiel:

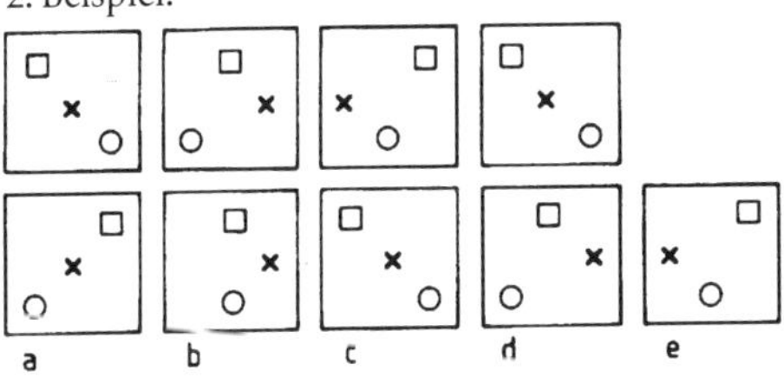

Lösung: d (Erklärung: Die Reihe hat ab dem vierten Bild wieder neu angefangen und setzt sich jetzt mit dem zweiten Bild fort.)

Für die folgenden 12 Aufgaben haben Sie 6 Minuten Zeit.

1.

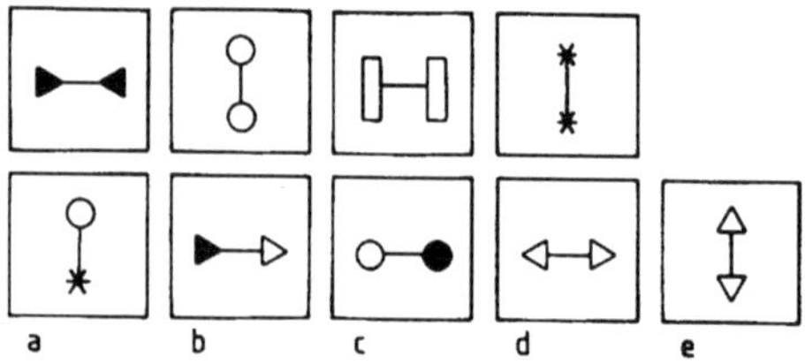

2.

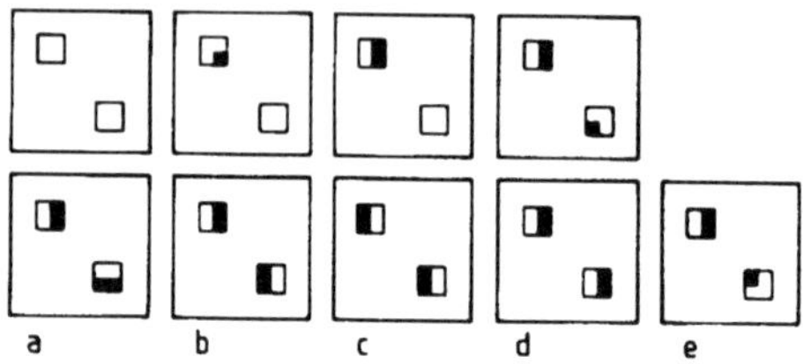

3.

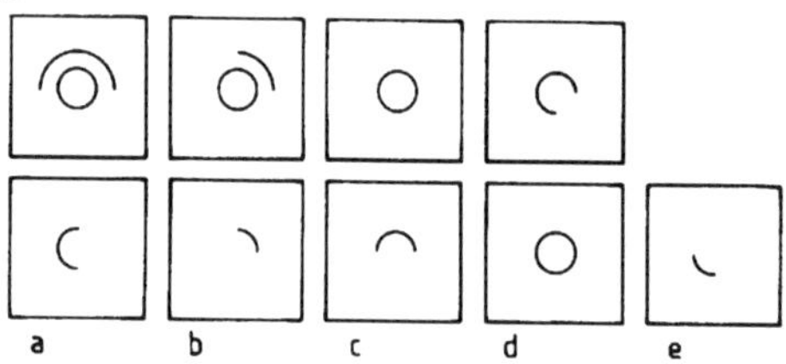

4.

5.

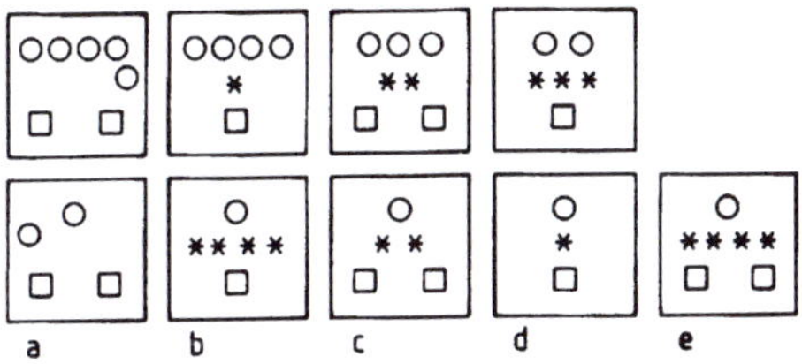

6.

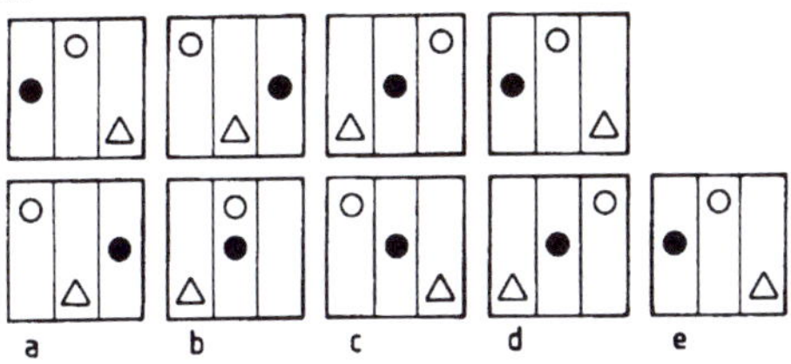

7.

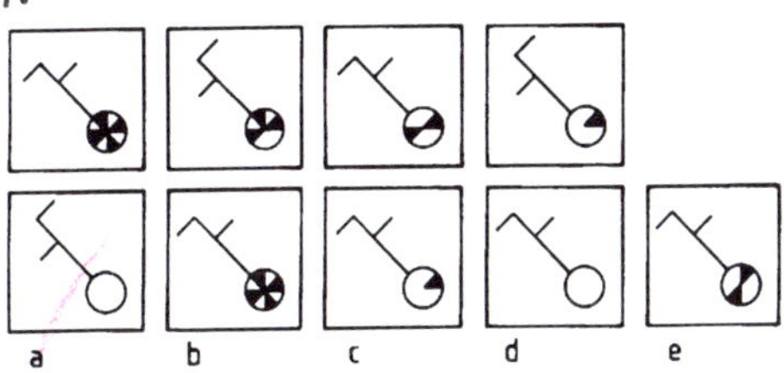

8.

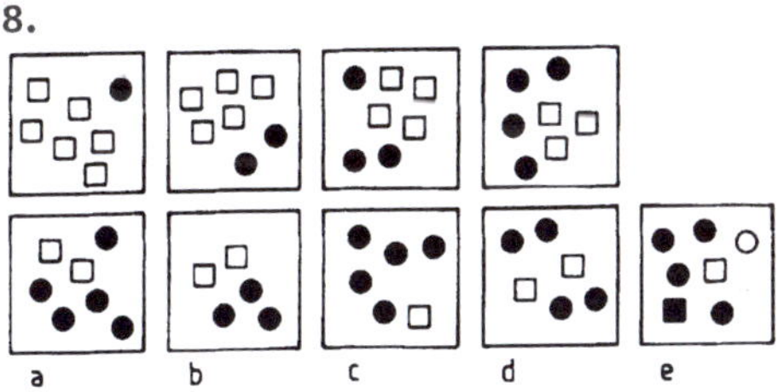

9.

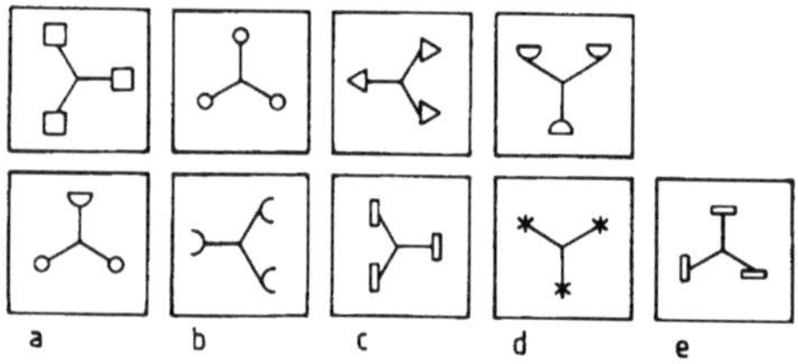

10.

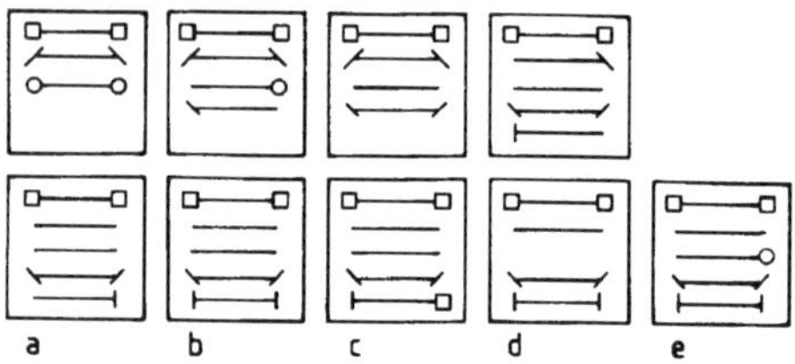

11.

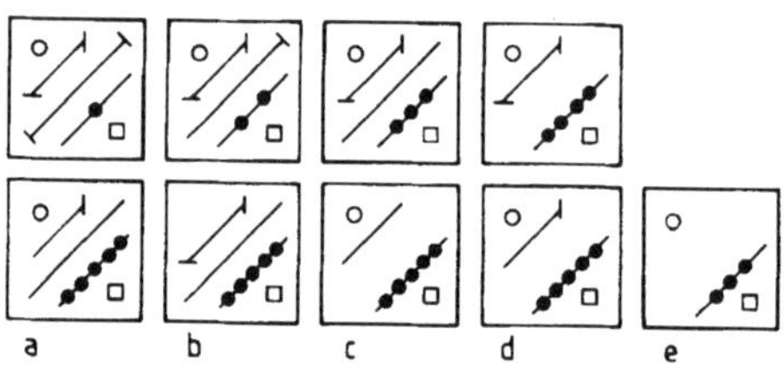

12.

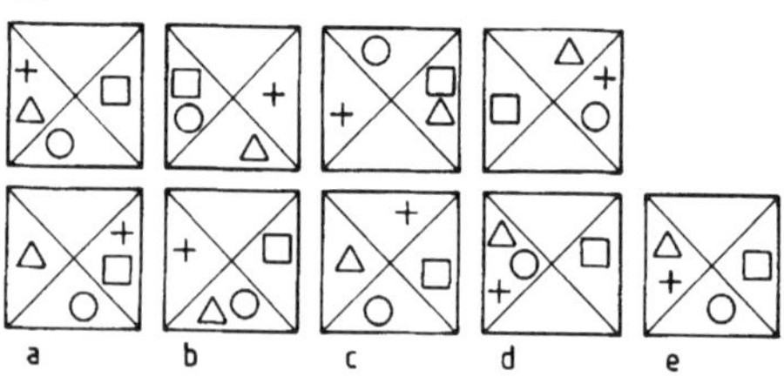

2. Sinnvoll ergänzen

Sie sehen ein Rechteck mit 8 Figuren. Welcher der vorgegebenen 9 Lösungsvorschläge (rechts, a–i) passt in das freie 9. Feld?

1. Beispiel:

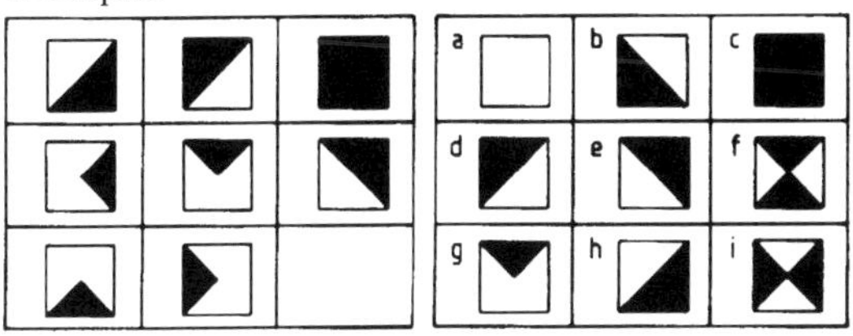

Lösung: b (Erklärung: Die schwarze Fläche der ersten Figur, addiert mit der schwarzen Fläche der zweiten Figur, ergibt, sozusagen als Summe, die dritte Figur. Dieses Prinzip gilt sowohl in vertikaler wie in horizontaler Richtung – ein wichtiger Hinweis für die generelle Bearbeitung dieses Aufgabentyps.)

2. Beispiel:

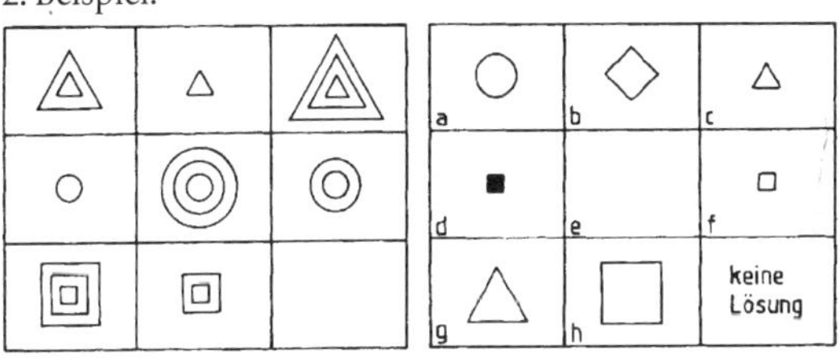

Lösung: f

Für die folgenden 20 Aufgaben haben Sie 20 Minuten Zeit.

1.

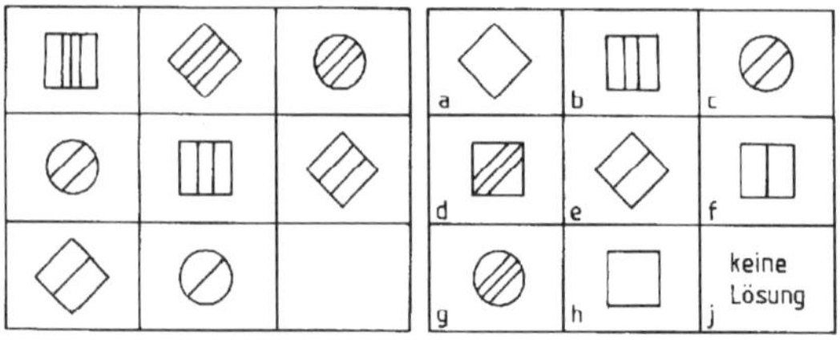
a
b
c
d
e
f
g
h
j
keine Lösung

2.

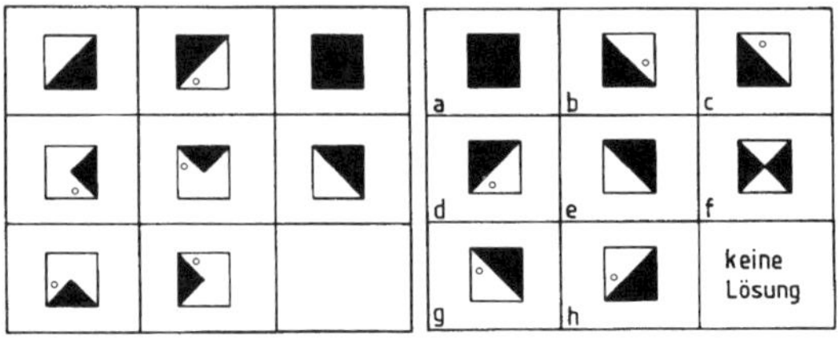
a
b
c
d
e
f
g
h
keine Lösung

3.

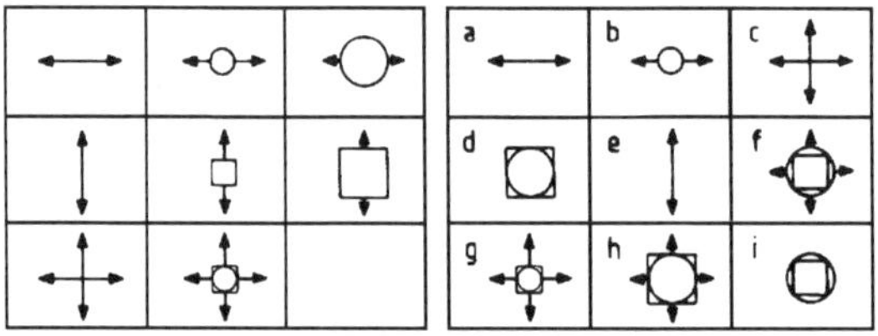
a
b
c
d
e
f
g
h
i

4.

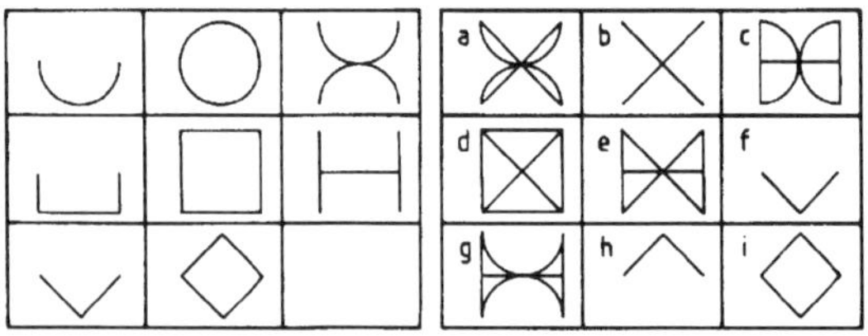
a
b
c
d
e
f
g
h
i

5.

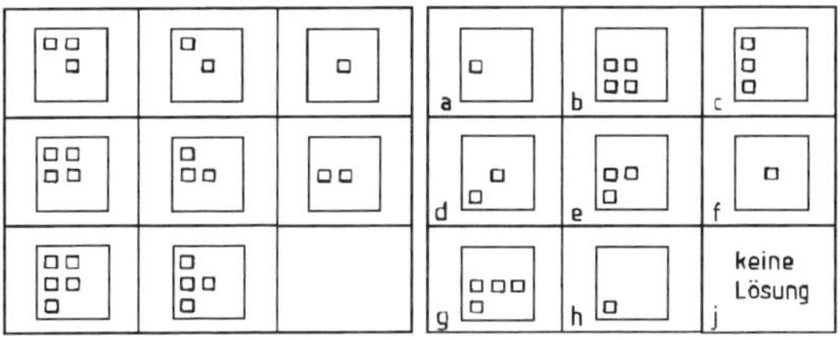
a
b
c
d
e
f
g
h
keine
Lösung
j

6.

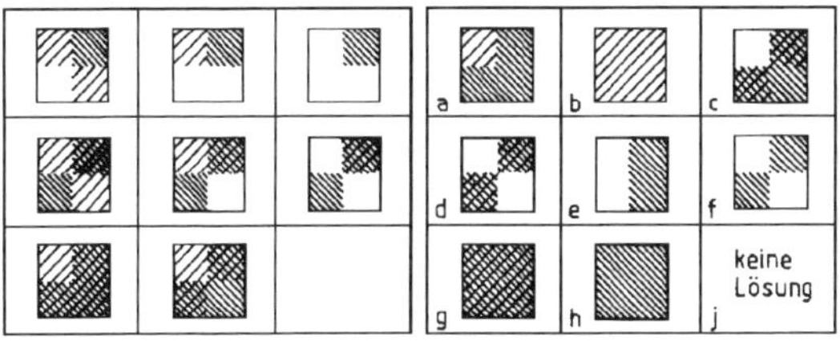
a
b
c
d
e
f
g
h
keine
Lösung
j

7.

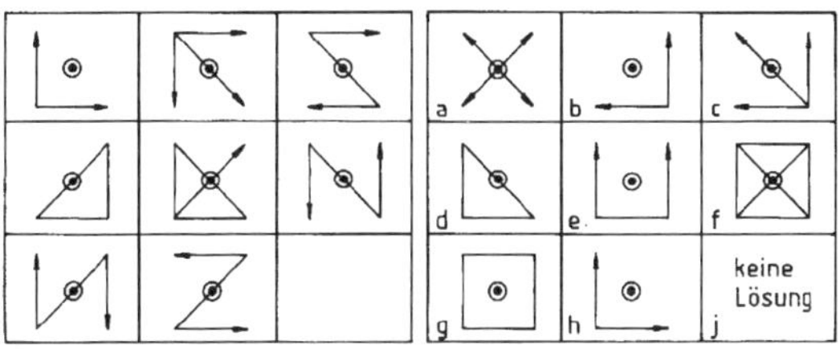
a
b
c
d
e
f
g
h
keine
Lösung
j

8.

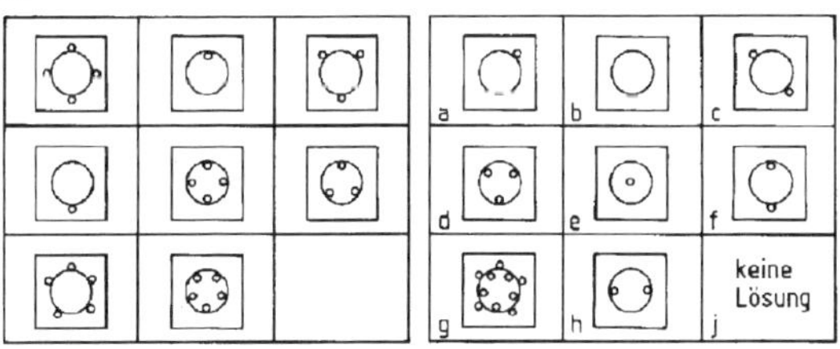
a
b
c
d
e
f
g
h
keine
Lösung
j

9.

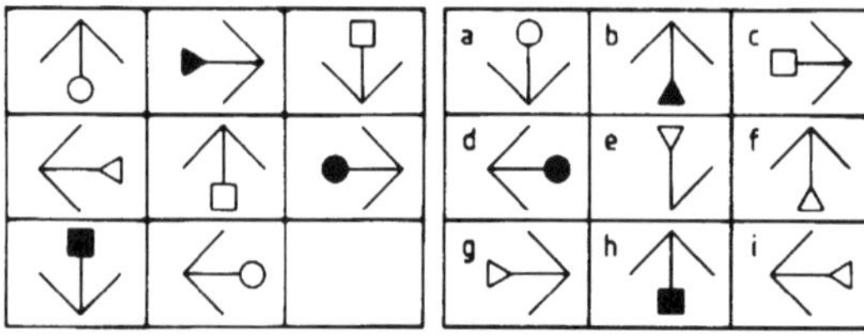
a
b
c
d
e
f
g
h
i

10.

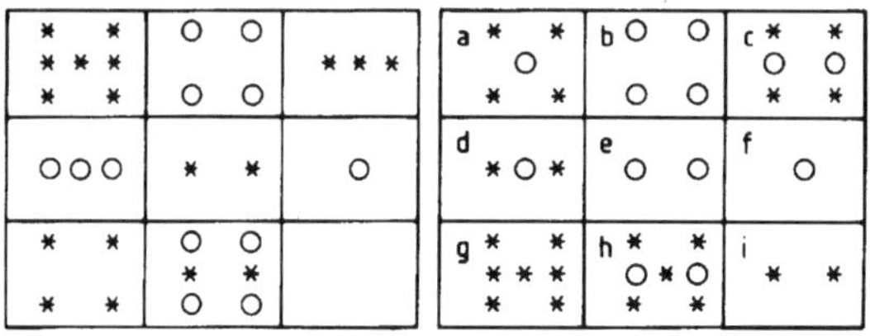
a
b
c
d
e
f
g
h
i

11.

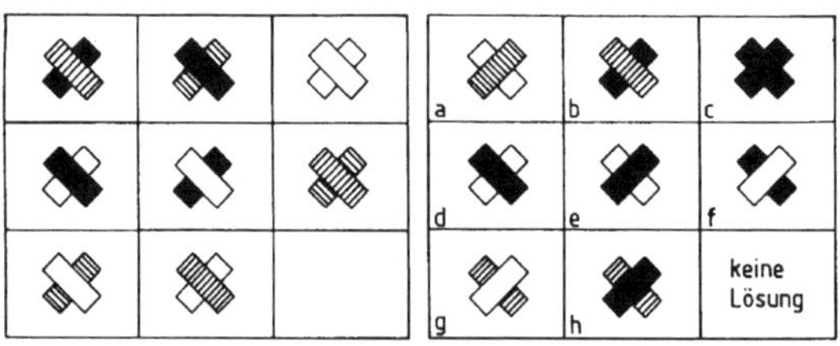
a
b
c
d
e
f
g
h
keine Lösung

12.

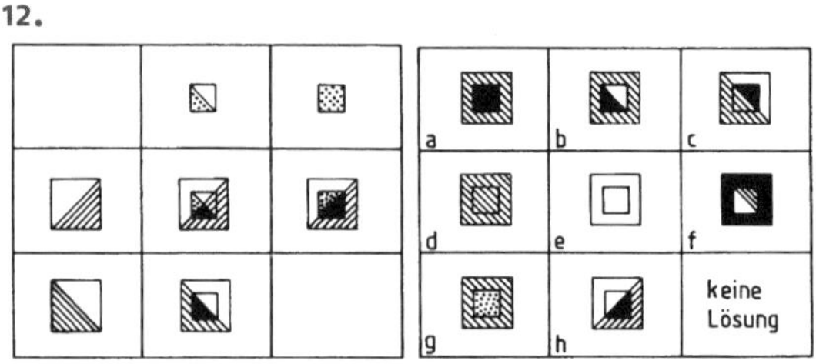
a
b
c
d
e
f
g
h
keine Lösung

13.

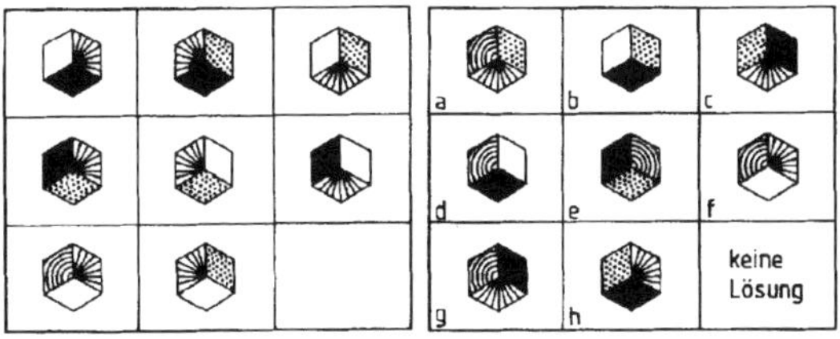
a
b
c
d
e
f
g
h
keine Lösung

14.

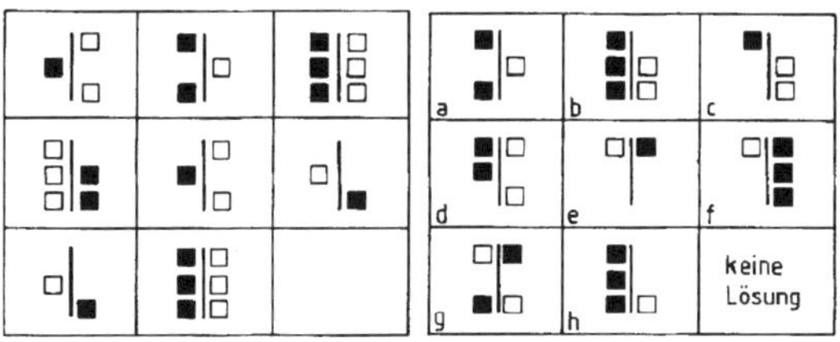
a
b
c
d
e
f
g
h
keine Lösung

15.

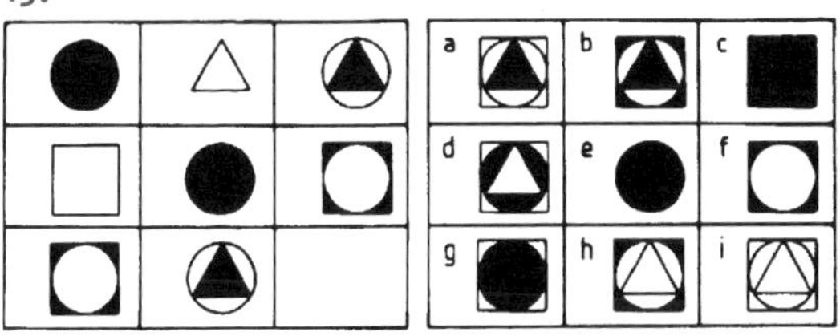
a
b
c
d
e
f
g
h
i

16.

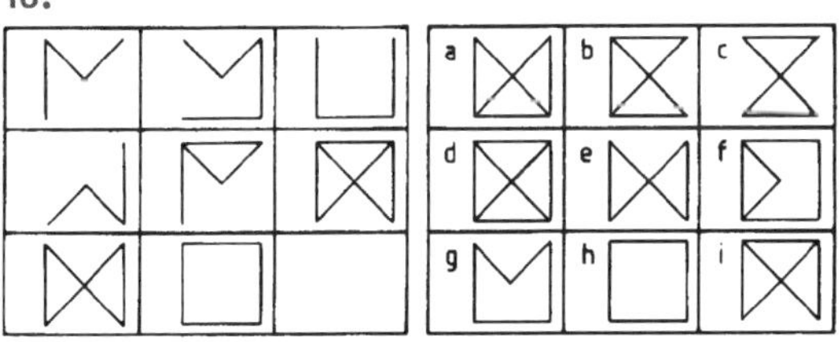
a
b
c
d
e
f
g
h
i

17.

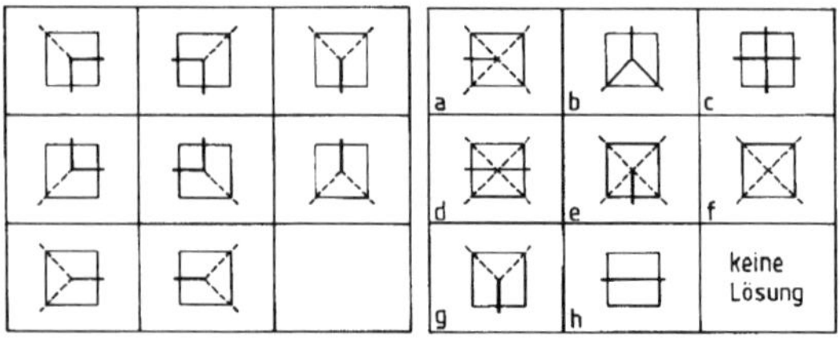
a
b
c
d
e
f
g
h
keine Lösung

18.

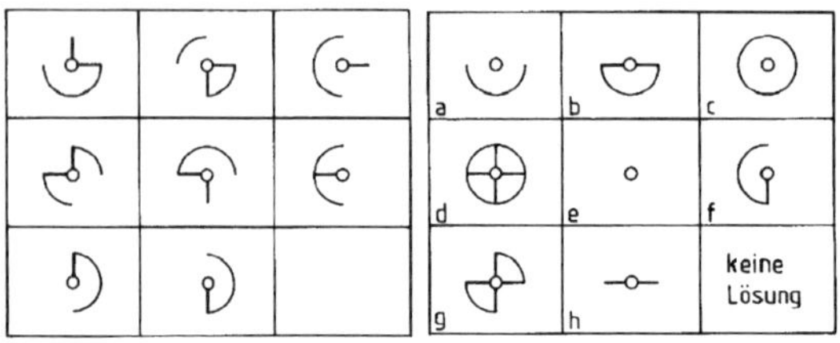
a
b
c
d
e
f
g
h
keine Lösung

19.

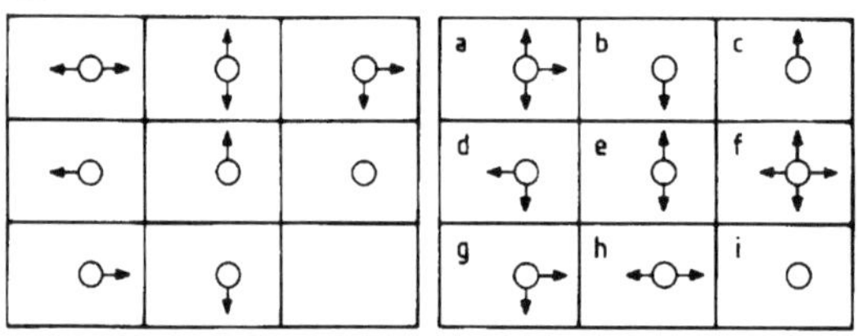
a
b
c
d
e
f
g
h
i

20.

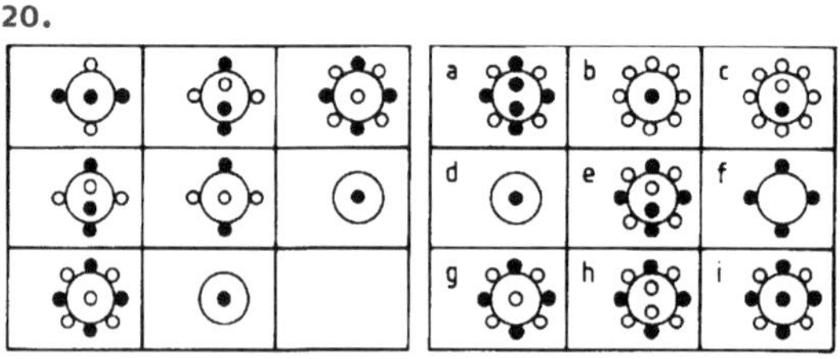
a
b
c
d
e
f
g
h
i

3. Buchstabengruppen

Welche Buchstabengruppe (a, b, c, d oder e) ist nicht wie die vier anderen Gruppen nach einer bestimmten Regel zusammengesetzt?

1. Beispiel:

a	b	c	d	e
AAAB	BBBC	CCCD	DDEE	EEEF

Lösung: Gruppe d

2. Beispiel:

a	b	c	d	e
CBAZ	PONM	UTSR	IHGF	ECBA

Lösung: Gruppe e

Erklärung: Das Alphabet wird jetzt rückwärts präsentiert, und in der Gruppe e ist der Anfangsbuchstabe E falsch, denn es müsste eigentlich das D sein.

Für die Bearbeitung der folgenden 10 Aufgaben haben Sie 5 Minuten Zeit.

	a	b	c	d	e
1	LNNP	DNNT	PNNP	DNNT	QNNX
2	AABA	AAAB	AAAC	AAAT	AAAU
3	CDDC	KLLK	QRRQ	UTTU	WXXW
4	MOPQ	ACDE	UWXY	DFGH	SRQP
5	ACDE	UWXY	FHIJ	PRST	HIJK
6	BCDA	OPQN	VWXY	DEFC	LMNK
7	YXVW	TSQR	NOLM	HGEF	EDBC
8	KCBL	MEDN	OGFP	QIHR	SKOT
9	ORUX	ADGJ	MPSV	ILOR	LORT
10	MPSV	ADGJ	ORUX	ADGJ	NQTV

4. Zahlenreihen

Sehr häufig eingesetzt wird der Aufgabentyp »Zahlenreihen«, bei dem eine nach bestimmten Regeln aufgebaute Folge von Zahlen zu ergänzen ist.

1. Beispiel: 2 4 8 16 32 ?

Lösung: 64
Erklärung: Jede Zahl wird mit 2 multipliziert.

2. Beispiel: 5 4 8 7 14 13 26 ?

Lösung: 25
Erklärung: Ausgangszahl – 1, Ergebnis mit 2 multipliziert, Ergebnis – 1 usw.

Für die folgenden 10 Aufgaben haben Sie 15 Minuten Zeit.

A	3	9	6	9	27	?	
B	0	– 1	1	3	– 1	4	?
C	2	5	11	23	47	?	
D	2	12	6	30	25	100	?
E	80	40	42	40	20	?	
F	3	8	23	68	203	?	
G	1	1/2	5/2	5	5/2	9/2	?
H	7	15	0	8	– 7	?	
I	81	9	18	2	11	?	
J	323	107	35	11	3	?	

5. Zahlenmatrizen

Die folgende Aufgabe ist – ähnlich wie die vorangegangenen – eine Art Kombination aus Figuren- und Zahlenreihen.

1. Beispiel:

1	2	3
4	?	6
7	8	9

Lösung: 5

2. Beispiel:

5	6	7
7	8	9
9	10	?

Lösung: 11
Erklärung: Senkrecht jede Zahl mit 2, waagerecht jede Zahl mit 1 addiert.

Für die folgenden 10 Aufgaben haben Sie 5 Minuten Zeit.

A

0	2	4
2	4	6
4	6	?

B

5	8	11
3	6	?
1	4	7

C

40	25	10
32	17	2
24	9	?

D

216	36	6
72	12	2
24	4	?

E

16	4	1
32	?	2
64	16	4

F

3	12	48
9	36	144
?	108	432

G

77	64	51
90	77	64
?	90	77

H

9	8	6
6	5	3
2	1	?

I

18	35	52
9	26	43
?	17	34

J

6	24	8
2	8	$^{8}/_{3}$
8	32	?

6. Buchstabenreihen

Ganz ähnlich wie Zahlenreihen sind auch Buchstabenreihen aufgebaut. Sie haben sie schon – in einer einfacheren Form – kennen gelernt (s. S. 21). Hier eine kompliziertere Variante:

1. Beispiel:
Ergänzen Sie die Buchstabenreihe logisch:

a d g j m p ? ?

Welcher Lösungsvorschlag ist der richtige?

1) s u
2) s v
3) s w
4) r u

Lösung: 2 (Erklärung: Die Buchstabenreihe ist nach dem Prinzip aufgebaut, dass in der alphabetischen Reihenfolge jeweils zwei Buchstaben fehlen.)

2. Beispiel

q p o n m l k ? ?

1) i j
2) a b
3) r s
4) j i

Lösung: 4 (Erklärung: Von q geht es im Alphabet rückwärts.)

Für die folgenden 5 Aufgaben haben Sie 5 Minuten Zeit.

1. a n b c n d e f n g h i j ? ? ?
1) k n l
2) n l m
3) n k l
4) k l n

2. a z c y e x g w i v ? ? ?
1) k u m
2) u m v
3) m v k
4) v i w

3. f g f g d e h i h i f g ? ? ?
1) k l m
2) j k k
3) j i k
4) j k j

4. e d f f e g g f h ? ? ?
1) h i j
2) h g i
3) f g h
4) g h i

5. a d f i k n p s ? ? ?
1) u w z
2) t v w
3) u x z
4) u v w

7. Dominos

Welcher Dominostein aus der rechten Lösungsgruppe passt in die linke Dominogruppe? Gesucht wird der Stein, der durch seine Punktzahl oben und unten die linke Dominogruppe logisch sinnvoll ergänzt. Dazu 2 Beispiele:

1. Beispiel:

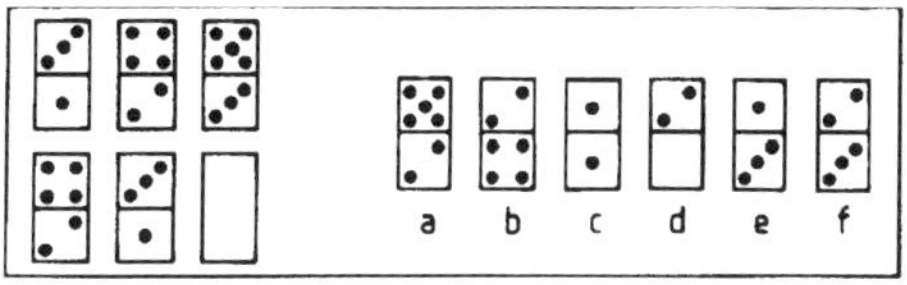

Lösung: d

Die erste Reihe Dominosteine baut sich im oberen (3–4–5 Punkte) wie im unteren Feld (1–2–3 Punkte) nach dem System +1 auf. Das Aufbauprinzip der zweiten Reihe Dominosteine ist entsprechend, aber nach dem System –1.

2. Beispiel:

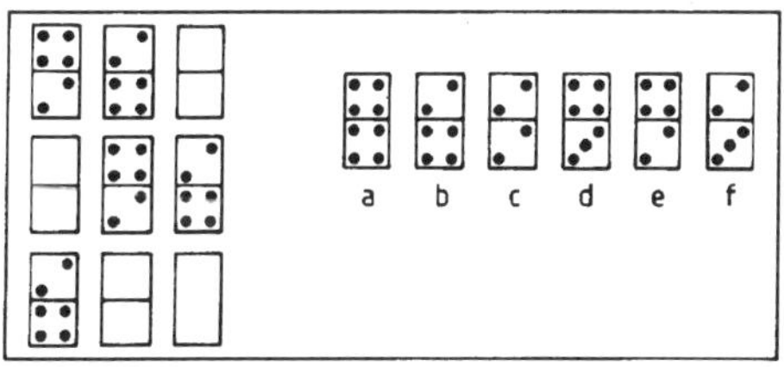

Lösung: e

Jetzt haben wir es mit drei Dominoreihen zu tun, die wir uns anschauen müssen. Auch hier gilt es, ein gemeinsames System festzustellen. Jede Reihe Dominosteine hat die Kombination 4–2, 2–4 (die Umkehrung) und einen 0–0-Stein. Diese Steinkombination wird lediglich unterschiedlich angeordnet. In der ersten Reihe ist der 0–0-Stein in der letzten Position, in der zweiten Reihe in der ersten, in der dritten Reihe in der zweiten Position.

Für die folgenden 15 Aufgaben haben Sie 10 Minuten Zeit.

1.

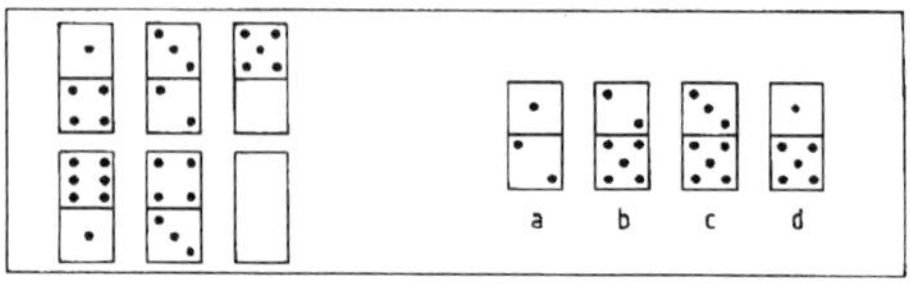

2.

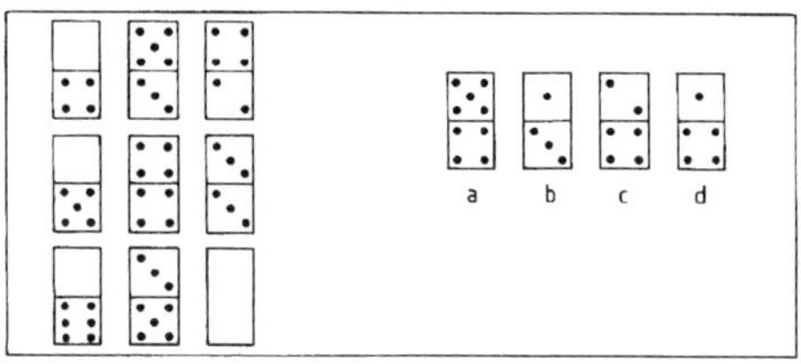

3.

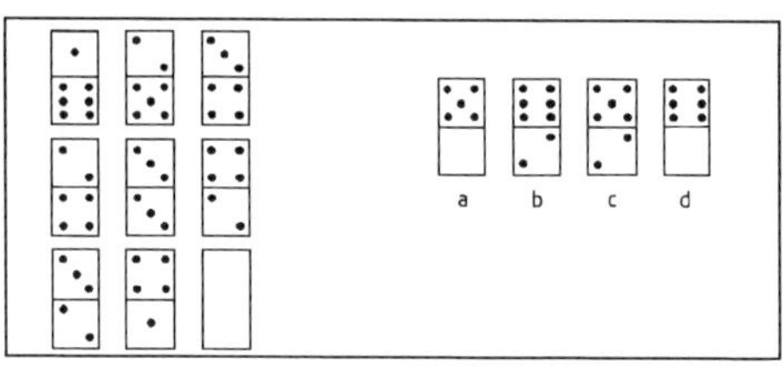

4.

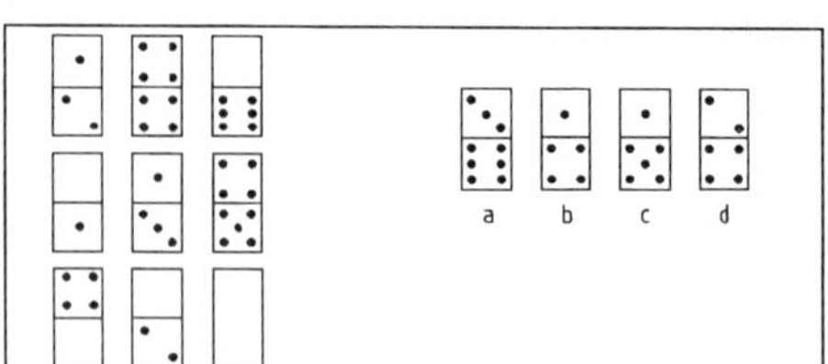

5.

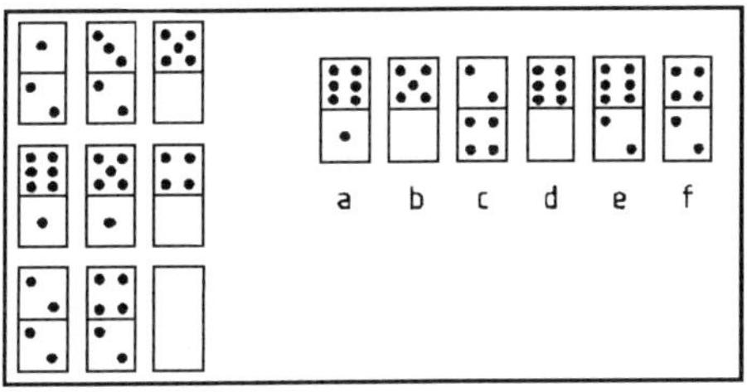

6.

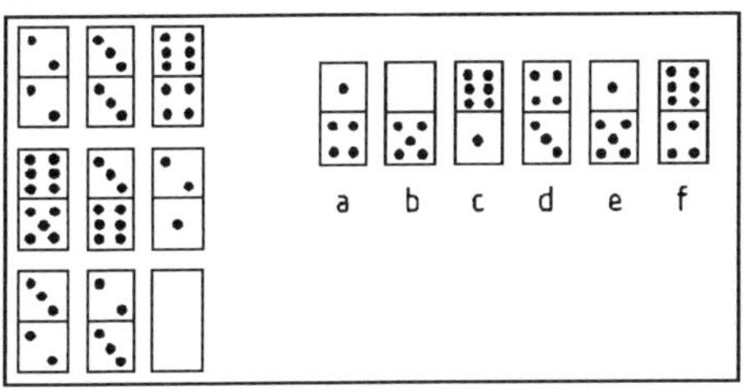

7.

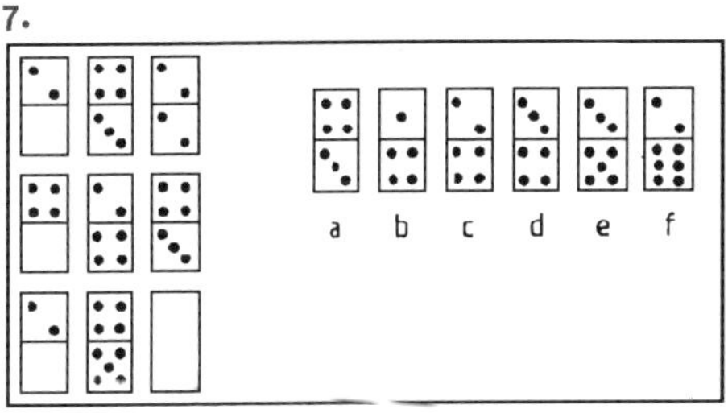

8.

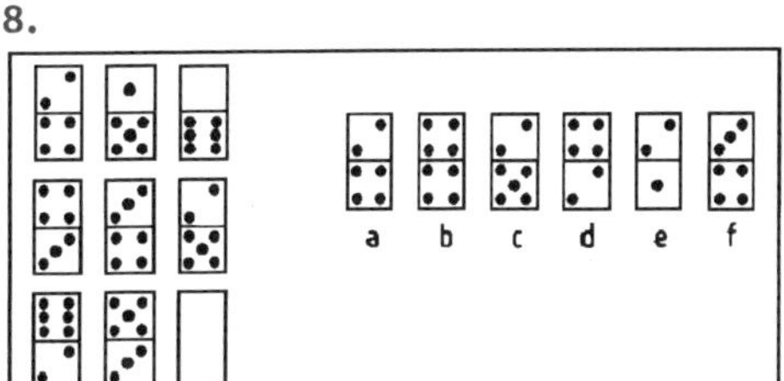

9.

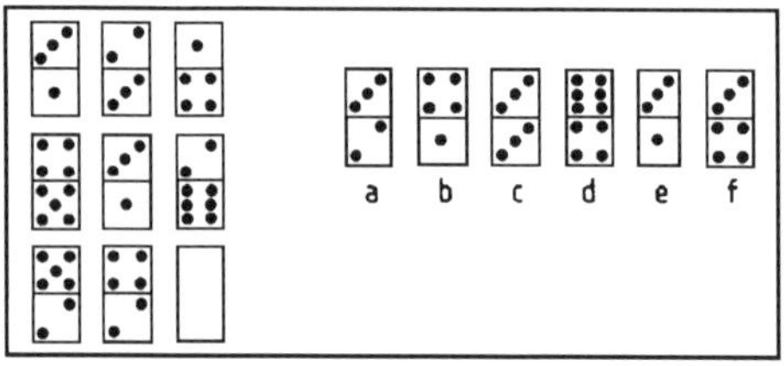

10.

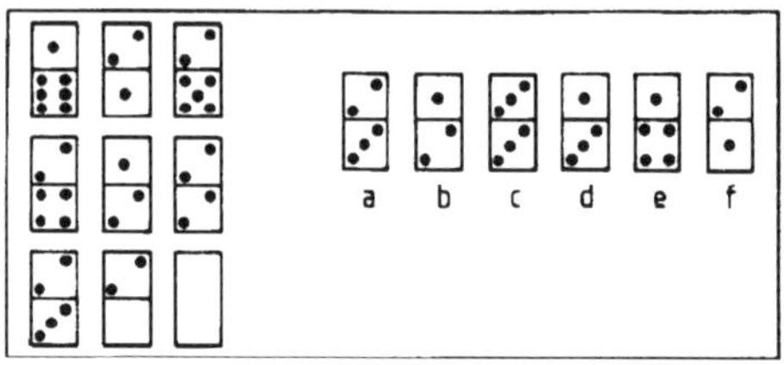

11.

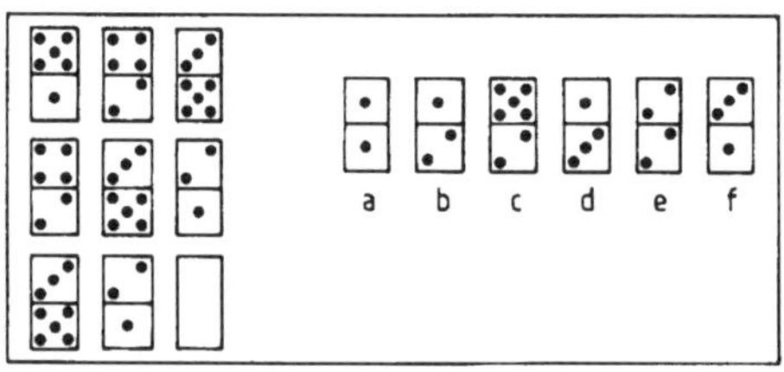

12.

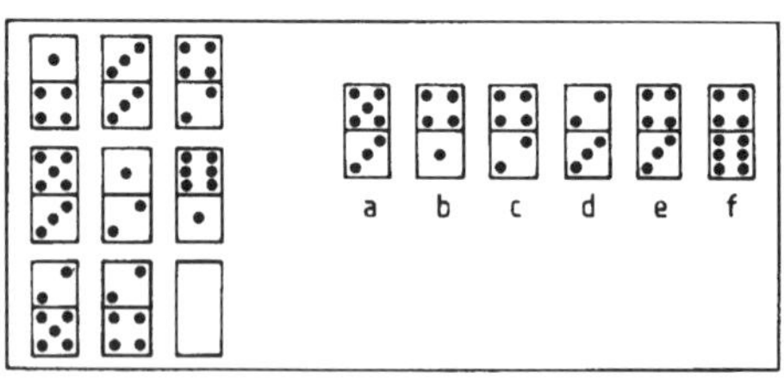

13.

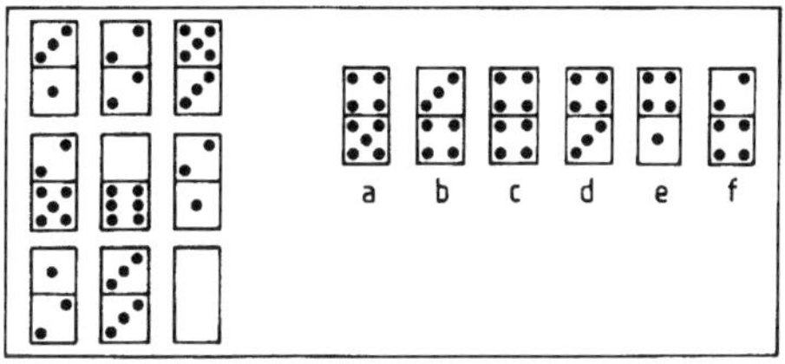

14.

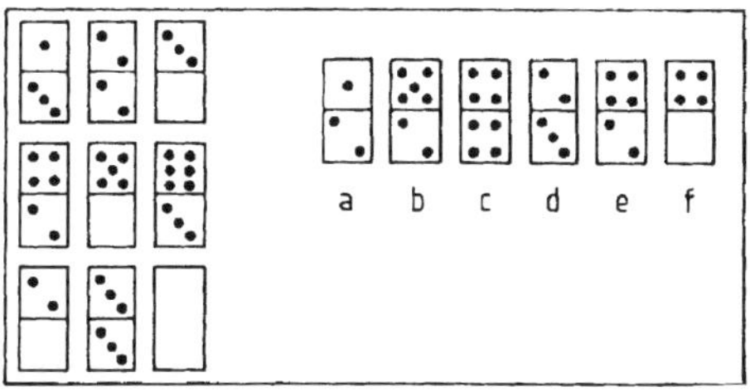

15.

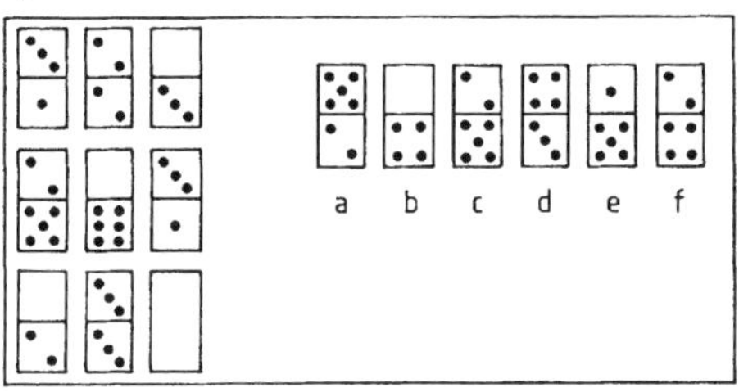

8. Zahlensymbole

Bei dieser Aufgabe werden Zahlen durch bestimmte Symbole ersetzt. Einzelne Symbole entsprechen einer einstelligen Zahl (0–9), zwei nebeneinander stehende Symbole einer zweistelligen Zahl (10–99). Die Aufgabe besteht darin herauszufinden, welche der angebotenen Zahlen für ein bestimmtes Symbol eingesetzt werden muss, damit die Aufgabe richtig gelöst werden kann (Lösungsvorschläge neben dem zu entschlüsselnden Symbol).

1. Beispiel:

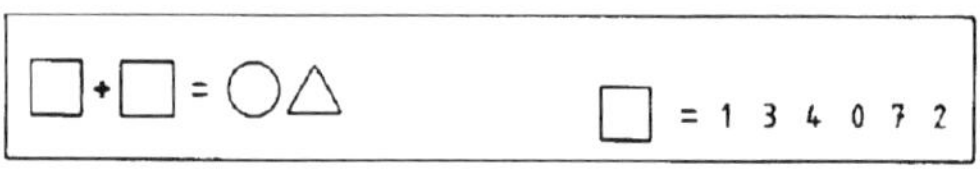

Lösung: 7
Nur wenn diese Zahl für das Quadrat eingesetzt wird, kann das Ergebnis zweistellig werden.

2. Beispiel:

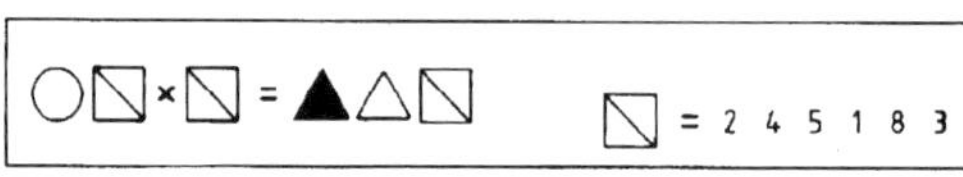

Lösung: 5
Denn nur die 5 bleibt als Einerstelle wie auch als Multiplikant im Ergebnis der Einerstelle 5.

Für die folgenden 26 Aufgaben haben Sie 10 Minuten Zeit.

1.

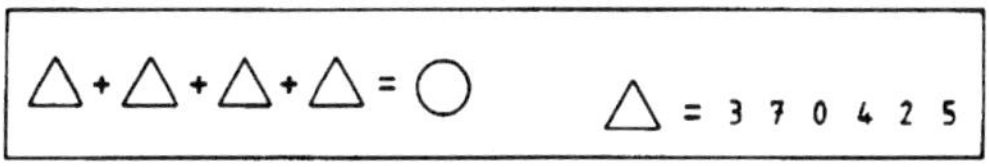

2.

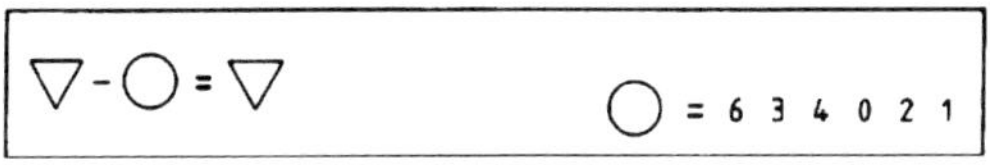

3.

4.

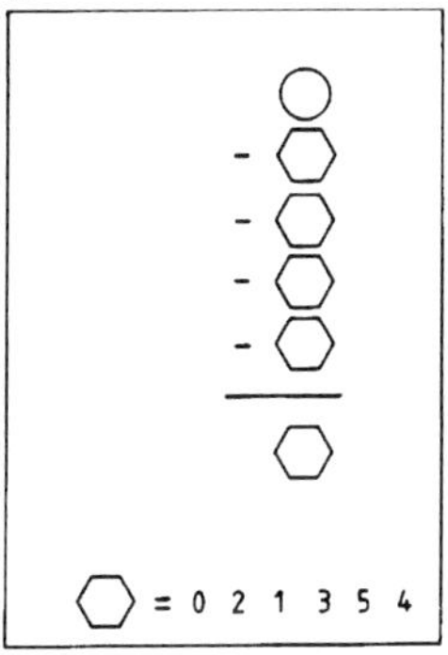

5.

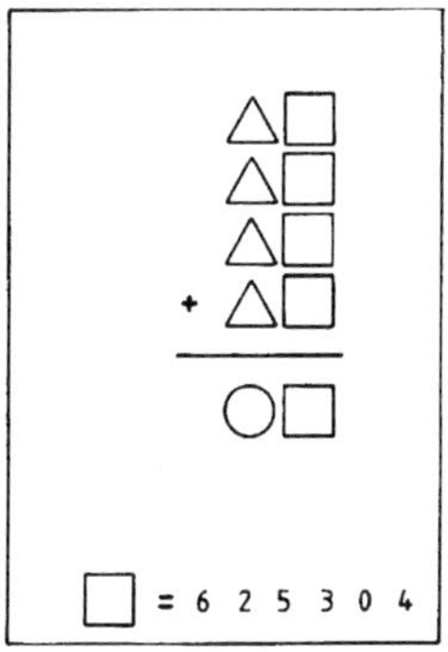

6.

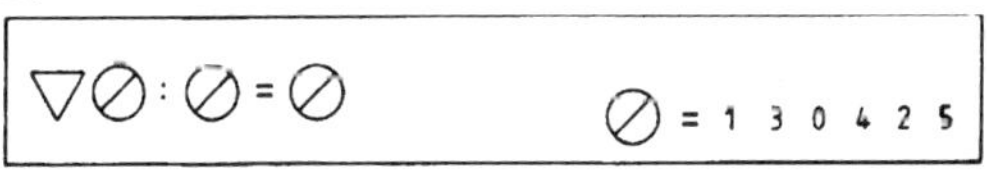

7.

8.

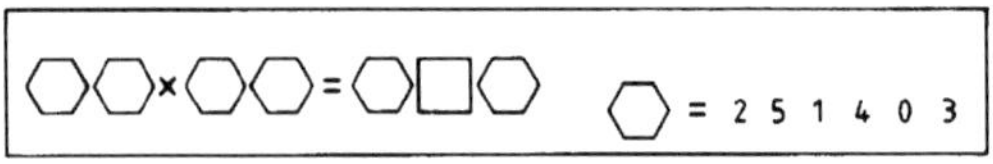

9.

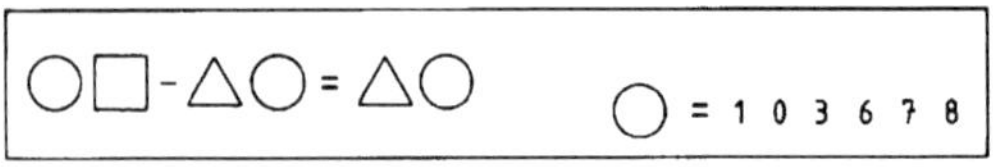

10.

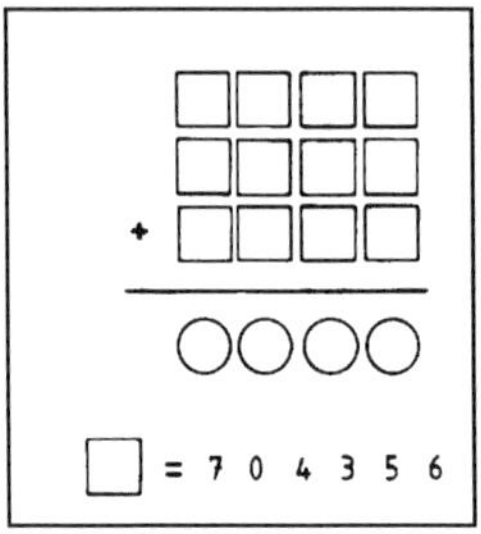

11.

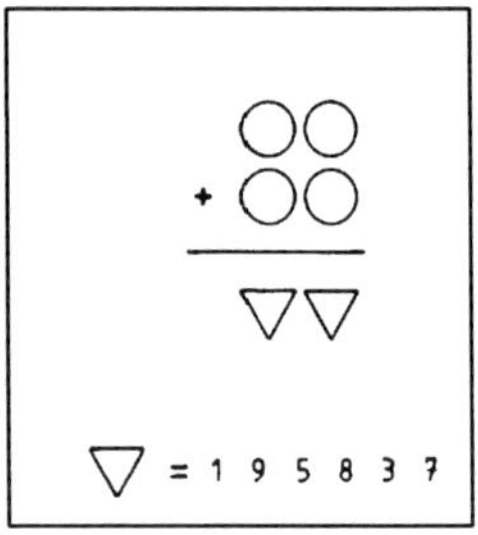

12.

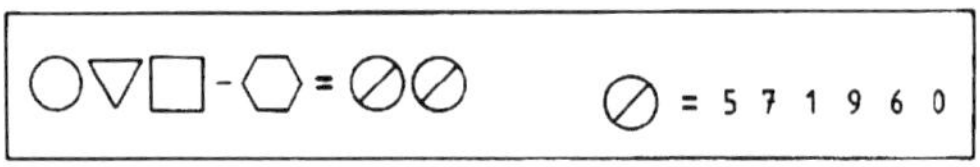

13.

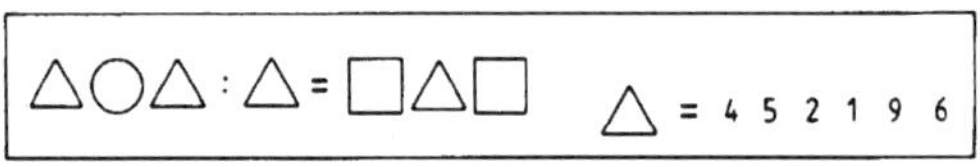

14.

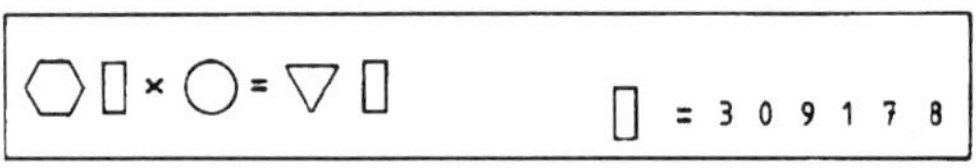

15.

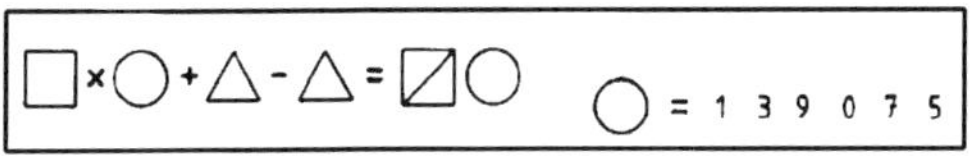

16.

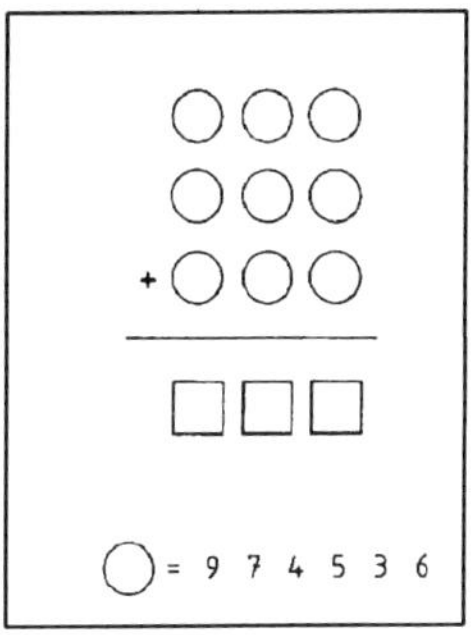

17.

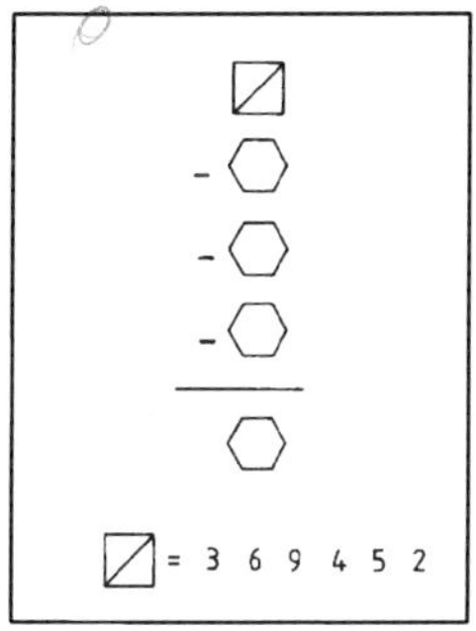

18.

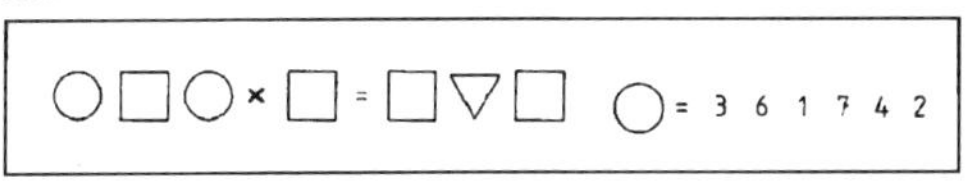

19.

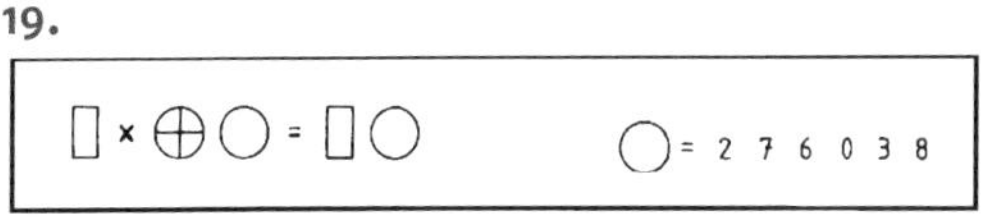

20.

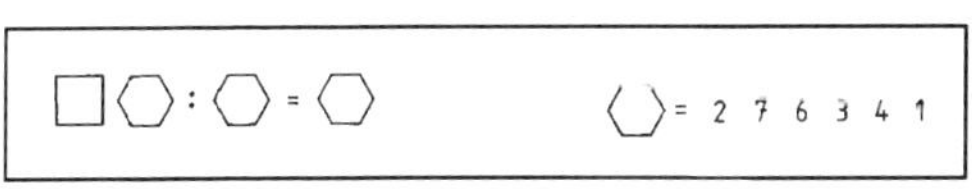

21.

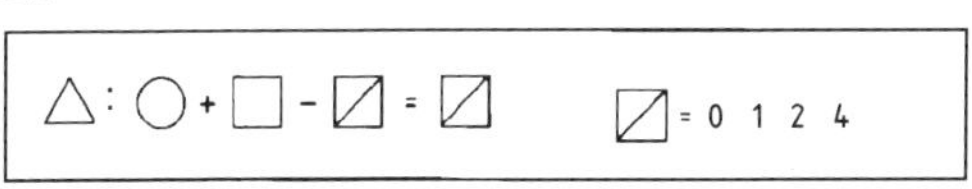

22.

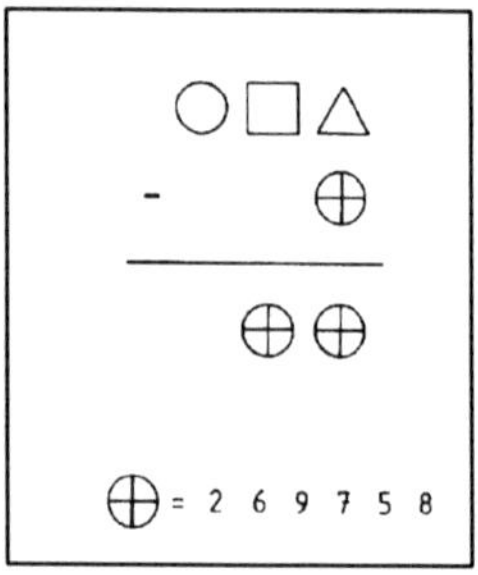

23.

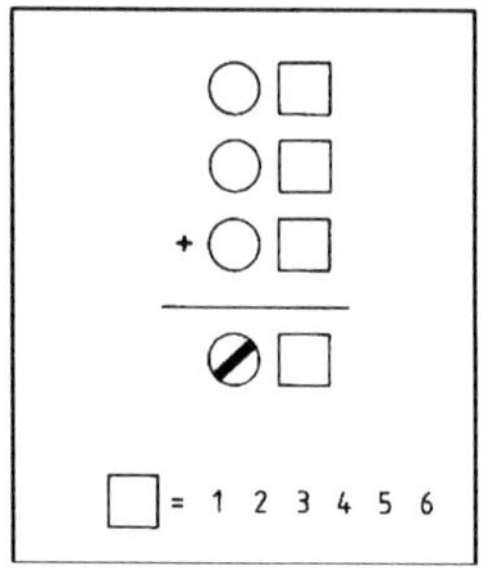

24.

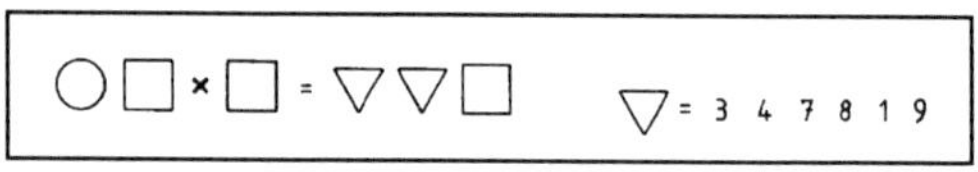

25.

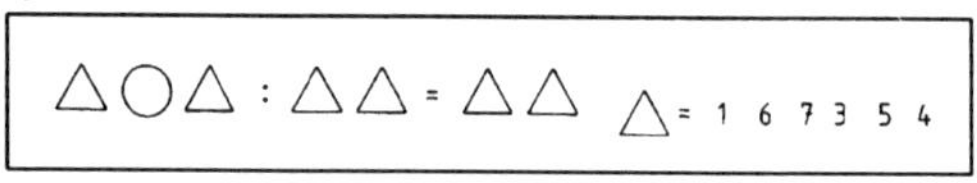

26.

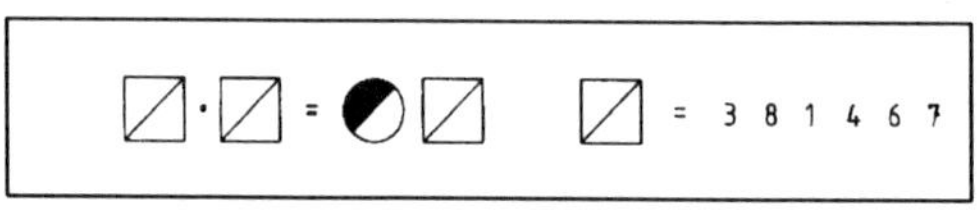

9. Wochentage

Mit den Wochentagen kennen Sie sich aus. Ihre Aufgabe ist es jetzt, aufgrund einer Aussage den logisch richtigen Wochentag herauszufinden.

1. Beispiel: Heute ist Montag. Welcher Tag ist drei Tage nach gestern?
Lösung: Mittwoch (Erklärung: Wenn heute Montag ist, war demzufolge gestern Sonntag. Drei Tage dazugerechnet ergibt Mittwoch.)

2. Beispiel: Vorgestern war fünf Tage vor Sonntag. Welchen Tag haben wir heute?
Lösung: Donnerstag (Erklärung: Wenn vorgestern fünf Tage vor Sonntag war, so muss heute drei Tage vor Sonntag sein, also Donnerstag.)

3. Beispiel: Übermorgen ist der vierte Tag nach Samstag. Welcher Tag war vorgestern?
Lösung: Samstag (Erklärung: Wenn übermorgen der vierte Tag nach Samstag ist, so ist heute der zweite Tag, nämlich Montag. Zwei Tage zurück = Samstag.)

Für 10 Aufgaben haben Sie 10 Minuten Zeit.

1. Übermorgen ist der dritte Tag nach Montag. Welcher Tag war vorgestern?
2. Morgen sind es noch vier Tage bis Sonntag. Welcher Tag ist übermorgen?
3. Gestern waren bis Sonntag noch fünf Tage. Welcher Tag ist morgen?
4. Der Tag, der vor vorgestern lag, liegt drei Tage nach Samstag. Heute ist also …?
5. Übermorgen in einer Woche ist zwei Tage vor Dienstag. Vorgestern war …?

6. Vorgestern waren es drei Tage vor Dienstag. Welchen Tag haben wir nach übermorgen?
7. Zwei Tage vor vorgestern war Dienstag. Welcher Tag wird übermorgen sein?
8. Wenn drei Tage vor gestern Mittwoch war, welcher Tag wird morgen sein?
9. Übermorgen ist fünf Tage vor Freitag. Welcher Tag war gestern?
10. Welcher Tag war vorgestern, wenn der Tag nach übermorgen zwei Tage vor Samstag liegt?

10. Sprach-Analogien

Aufgabe ist es, aus vorgegebenen Lösungsvorschlägen das Wort auszuwählen, das ein fehlendes Element in einer Wortgleichung sinnvoll ergänzt. Oder anders ausgedrückt: Drei Wörter sind vorgegeben, bei denen zwischen dem ersten und zweiten eine gewisse Beziehung besteht. Aufgabe ist es, zwischen dem dritten und einem allein passenden Wahl- und Lösungswort eine Beziehung herzustellen.

1. Beispiel:
Dach verhält sich zu Keller wie Decke zu ...?

a) Teppich	b) Leuchter	c) Wand	d) Boden

Lösung: d

2. Beispiel:
Gerade/Viereck = Kurve/???

a) Fläche	b) Kugel	c) Quadrat
d) Kreis	e) Laufbahn	f) Kegel

Lösung: d

Für die folgenden 35 Aufgaben haben Sie 15 Minuten Zeit.

1. Auto/Räder = Flugzeug/???

a) Motor	b) fliegen	c) Tragflächen
d) Pilot	e) Düsen	f) Kerosin

2. Muster/Entwurf = Maschine/???

a) Antrieb	b) kaputt	c) Räder
d) Arbeit	e) Konstruktion	f) Kraft

3. **manchmal/oft = etwas/???**

a) mehr b) viel c) immer
d) meistens e) wenig f) alles

4. **Leder/Eisen = zäh/???**

a) flexibel b) schwer c) hart
d) haltbar e) biegsam f) fest

5. **Telegramm/Brief = Stichwort/???**

a) Nachricht b) Erzählung c) Zeile
d) Information e) Satz f) Telefonat

6. **Reportage/Dichtung = Foto/???**

a) Kunst b) Zeichnung c) Lyrik
d) Gedicht e) Aquarell f) Gemälde

7. **gestehen/verhören = diagnostizieren/???**

a) heilen b) Krankheit c) untersuchen
d) Befund e) Behandlung f) vernehmen

8. **Haus/Stein = Pflanze/???**

a) Zweig b) Blatt c) Samen
d) Baum e) Zelle f) Wurzel

9. **werben/verkaufen = Sport treiben/???**

a) trainieren b) jung bleiben c) Ehrgeiz
d) gesund bleiben e) turnen f) siegen

10. **Kanal/Fluss = Park/???**

a) Anlage b) Bäume c) Sträucher
d) Landschaft e) Rasen f) Garten

11. **gehen/schlendern = sprechen/???**

a) lallen b) plaudern c) schwafeln
d) stottern e) springen f) weinen

12. Stoffwechsel/Natur = Verbrennung/???

a) Maschine b) Kraft c) Motor
d) Antrieb e) Kohle f) Leben

13. Wind/Sturm = rinnen/???

a) strömen b) tröpfeln c) einsickern
d) brausen e) duschen f) fließen

14. Ton/Melodie = Farbe/???

a) Brillanz b) Kunstobjekt c) Gemälde
d) Farbkasten e) Palette f) Foto

15. Molekül/Atom = Pfund/???

a) Menge b) Last c) Zentner
d) Gramm e) Gewicht f) Last

16. Gramm/Gewicht = Stunde/???

a) Minuten b) Zeit c) Uhr
d) Tag e) Jahr f) Monat

17. Wasser/Korrosion = Alter/???

a) Jugend b) Kindheit c) Falten
d) Lebenszeit e) Pubertät f) Rente

18. chronisch/akut = dauerhaft/???

a) ständig b) öfter c) zeitweilig
d) langwierig e) schnell f) langsam

19. Flut/Damm = Regen/???

a) Tropfen b) Schirm c) Wasser
d) feucht e) kühl f) nass

20. liberal/radikal = gemäßigt/???

a) gleichgültig b) verständnisvoll c) extrem
d) engagiert e) plus f) fix

21. Seite/Buch = Satz/???

a) Wörter	b) Buchstaben	c) Kapitel
d) Inhalt	e) Zeitung	f) TV

22. Zunge/sauer = Nase/???

a) salzig	b) brenzlig	c) kosten
d) schmecken	e) Ohr	f) Auge

23. Haus/Treppe = Fluss/???

a) Schiff	b) Wasser	c) Ufer
d) Schleuse	e) Hof	f) Floß

24. schneiden/kleben = Trennung/???

a) Spaltung	b) Verbindung	c) Teilung
d) Lösung	e) Ring	f) Kirche

25. verlangen/Gier = wachsen/???

a) sprießen	b) Entwicklung	c) Wucherung
d) Vergrößerung	e) schnell	f) kurz

26. Töne/Musik = Wörter/???

a) Stimmen	b) Sprache	c) Klänge
d) Ausdruck	e) Tenor	f) Tod

27. Freude/Erfolg = Müdigkeit/???

a) Arbeit	b) Pause	c) Reise
d) Traum	e) wach	f) Gier

28. Diät/Gewicht = Medikament/???

a) Arzt	b) Rezept	c) Gesundung
d) Schmerz	e) Geduld	f) Blut

29. Zorn/Affekt = Trauer/???

a) Begeisterung	b) Verärgerung	c) Stimmung
d) Verzweiflung	e) Wut	f) Mut

30. Porträt/Karikatur = schildern/???

a) deuten　　b) Kritik　　c) beleidigen
d) übertreiben　　e) groß　　f) klein

Bei den folgenden Wortgleichungen fehlt das Anfangs- und Endwort. Die Sätze sind aus den vorhandenen Lösungsmöglichkeiten so zu ergänzen, dass sie einen Sinn erhalten.

Beispiel:
... ? ... verhält sich zu Blindheit wie Ohr zu ... ? ...

a Auge	1 hören
b Sehfähigkeit	2 Gehör
c Brille	3 Taubheit
d Blindenhund	4 Schwerhörigkeit

Lösung: a3 (Auge verhält sich zu Blindheit wie Ohr zu Taubheit)

31. ... ? ... verhält sich zu Länge wie Gramm zu ... ? ...

a Entfernung	1 Waage
b Geschwindigkeit	2 Gewicht
c Zentimeter	3 abwiegen
d Abstand	4 Kilo

32. ... ? ... verhält sich zu niemand wie alles zu ... ? ...

a manche	1 mehr
b jeder	2 immer
c viele	3 nichts
d einige	4 nie

33. ... ? ... verhält sich zu Kreis wie Würfel zu ... ? ...

a Kegel	1 Quadrat
b rund	2 sechs
c Kugel	3 Rechteck
d Kuppel	4 Rhombus

34. ... ? ... verhält sich zu Herz wie Takt zu ... ? ...

a Pumpe	1 Dirigent
b Pulsschlag	2 Komposition
c Gesundheit	3 Musik
d Leben	4 Musiker

35. ... ? ... verhält sich zu Krankheit wie Schweiß zu ... ? ...

a Arzt	1 Erfolg
b Tablette	2 Anstrengung
c Fieber	3 Lob
d Thermometer	4 Chef

11. Grafik-Analogien

Ging es bei der vorigen Aufgabe darum, bestimmte Begriffe auf rein sprachlicher Ebene miteinander in Bezug zu setzen, ist jetzt die gleiche Aufgabenstellung auf grafischer Ebene zu bewältigen.

1. Beispiel:

Lösungsvorschläge:

a b c d e

Lösung: e (Der Kreis verhält sich zum Quadrat wie die Ellipse zum Rechteck.)

2. Beispiel:

a D c a e

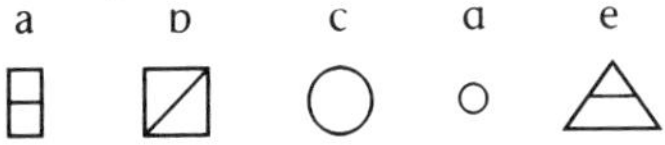

Lösungsvorschläge:

Lösung: a

Für die folgenden 24 Aufgaben haben Sie 10 Minuten Zeit.

1. **a b c d e**

2.

3. a b c d e

4.

5.

6.

7.

8.

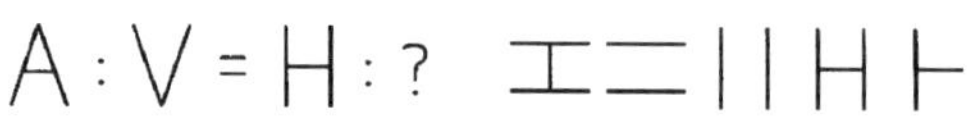

9.

10.

11.

12.

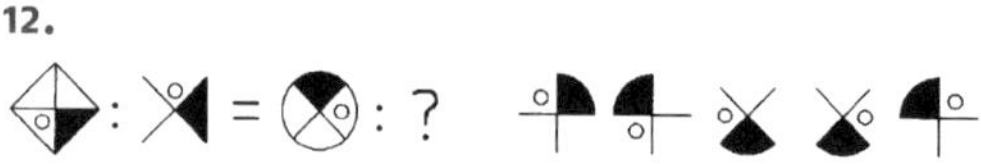

13.

14.

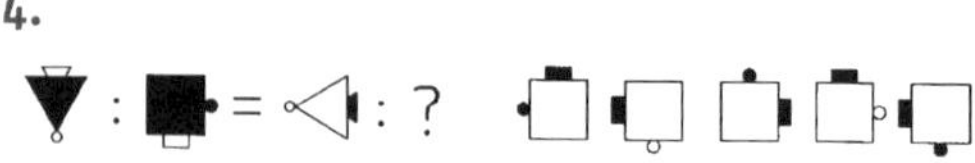

15.

a b c d e

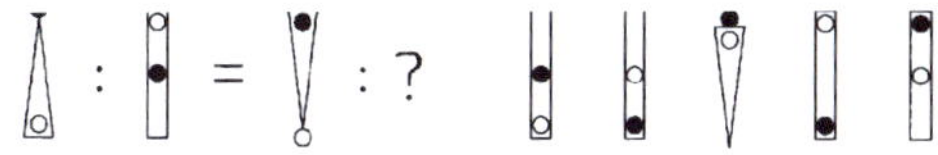

16.

17.

18.

19.

20.

21.

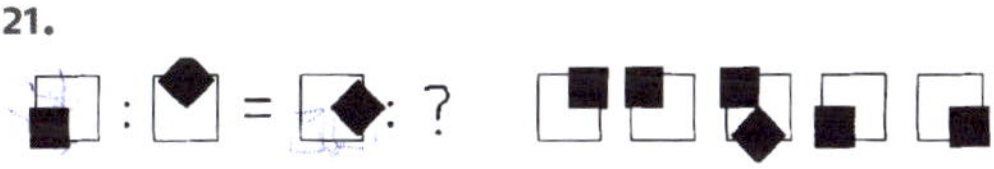

22.

23.

24

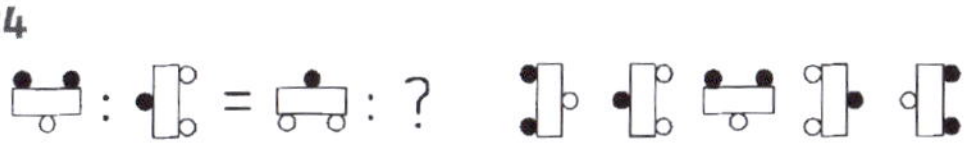

12. Sprichwörter

Hier geht es darum, Sprichwörter mit ähnlicher Bedeutung zu erkennen.

1. Beispiel

Wie man sich bettet, so liegt man.

a) Nach dem Essen soll man ruhn oder tausend Schritte tun.
b) Wer rastet, der rostet.
c) In den Eimer geht nicht mehr, als er fassen kann.
d) Wie in den Wald hineingerufen wird, so schallt es heraus.

Lösung: d

2. Beispiel

Hochmut kommt vor dem Fall.

a) Wer sich selbst erhöht, der soll erniedrigt werden.
b) Wer über sich haut, dem fallen bald Späne in die Augen.
c) Wer bereuen kann, der hat seinen Hochmut eingebüßt.
d) Wer im Glashaus sitzt, soll nicht mit Steinen werfen.

Lösung: b

Für die folgenden 19 Aufgaben haben Sie 8 Minuten Zeit.

1. **Wer sich in Gefahr begibt, kommt darin um.**
   a) Wer einmal lügt, dem glaubt man nicht.
   b) Was Jupiter darf, darf der Ochse noch lange nicht.
   c) Vorsicht ist besser als Nachsicht.
   d) Wer sich unter die Kleie mischt, den fressen die Schweine.

2. **Wie die Alten sungen, so zwitschern auch die Jungen.**
   a) Wer A sagt, muss auch B sagen.
   b) Reden ist Silber, Schweigen ist Gold.
   c) Junge fideln, wie Alte die Geigen gestimmt haben.
   d) Jung gewohnt, alt getan.

3. Sorge dich nicht um die Wiege, ehe dein Kind geboren ist.

a) Ein ungelegtes Ei ist ein ungewisses Huhn.
b) Ein blindes Huhn findet auch ein Korn.
c) Frisch gewagt ist halb gewonnen.
d) Ehrlichkeit währt am längsten.

4. Kleinvieh macht auch Mist.

a) Kommt Zeit, kommt Rat.
b) Wer A sagt, muss auch B sagen.
c) Steter Tropfen höhlt den Stein.
d) Rom ist nicht an einem Tag erbaut worden.

5. Ein Unglück kommt selten allein.

a) Glück und Glas, wie schnell bricht das.
b) Unglück kennt keine Moral.
c) Wenn Unglück dir geschadet, denk nicht, es sei nun satt.
d) Jeder ist seines Unglückes Schmied.

6. Was ein Häkchen werden will, krümmt sich beizeiten.

a) Altes Holz brennt am besten.
b) Es ist noch kein Meister vom Himmel gefallen.
c) Was Hänschen nicht lernt, lernt Hans nimmermehr.
d) Gut Ding braucht Weile.

7. Wer zuletzt lacht, lacht am besten.

a) Ende gut, alles gut.
b) Jeder möchte alt werden, aber nicht alt sein.
c) Die Mode kommt, die Mode geht.
d) Unverhofft kommt oft.

8. Ein gesprungener Topf hält lange aus.

a) Die Zeit heilt alle Wunden.
b) Gut Ding braucht Weile.
c) Was lange währt, wird endlich gut.
d) Wer immer klagt, stirbt nicht so bald.

9. Wer zuerst kommt, mahlt zuerst.

a) Morgenstunde hat Gold im Munde.
b) Was du heute kannst besorgen, das verschiebe nicht auf morgen.
c) Nur der schnellste Hund fängt den Hasen.
d) Trinke, sobald du am Brunnen bist.

10. Ohne Fleiß kein Preis.

a) Es ist nicht alle Tage Sonntag.
b) Wer Heu machen will, wartet, bis die Sonne scheint.
c) Wie man den Acker bestellt, so trägt er.
d) Man lebt nicht immer im Schlaraffenland.

11. Überdruss kommt auch von Überfluss.

a) Übereilen bedeutet manchmal Verweilen.
b) Glück ist wie der Wind, es kommt und geht geschwind.
c) Mach den Bissen nicht größer als das Maul.
d) Nichts ist schwerer zu ertragen als eine Reihe von guten Tagen.

12. Ein Baum fällt nicht beim ersten Hieb.

a) Rom ist nicht an einem Tag erbaut worden.
b) Eine Schwalbe macht noch keinen Sommer.
c) Einer allein, das ist nicht fein.
d) Wer nur einen Teil hört, hört keinen.

13. Man muss das Eisen schmieden, solange es heiß ist.

a) Man muss eine Gelegenheit beim Schopfe packen.
b) Selbst getan ist bald getan.
c) Bei gutem Wind ist gut segeln.
d) Durch Zufall kann auch ein Krüppel einen Hasen fangen.

14. Ein Esel macht dem anderen den Hof.

a) Ein Esel schimpft den anderen Langohr.
b) Tauben und Krähen fliegen nie zusammen.
c) Man muss mit den Wölfen heulen.
d) Gleich und gleich gesellt sich gern.

15. Jung gewohnt, alt getan.

a) Wie die Alten sungen, so zwitschern die Jungen.
b) Wie die Saat, so die Ernte.
c) Es muss der Junge lernen, was der Alte können will.
d) Es ist noch kein Meister vom Himmel gefallen.

16. Eigener Herd ist Goldes Wert.

a) Morgenstunde hat Gold im Munde.
b) Es ist nicht alles Gold, was glänzt.
c) Wer reich ist, ist überall zu Hause.
d) Fremdes Feuer ist nirgendwo so hell wie der Rauch daheim.

17. Keiner kann aus seiner Haut.

a) Wer im Glashaus sitzt, sollte nicht mit Steinen werfen.
b) Vorsicht ist besser als Nachsicht.
c) Niemand kann über seinen eigenen Schatten springen.
d) Jeder Baum wirft seinen Schatten.

18 Hast du nicht Pfeile im Köcher, so mische dich nicht unter die Schützen.

a) Wie man in den Wald hineinruft, so schallt es heraus.
b) Mancher schießt ins Blaue und trifft ins Schwarze.
c) Auge um Auge, Zahn um Zahn.
d) Wer einen kleinen Mund hat, erstickt sehr leicht an großen Bissen.

19. Geteiltes Leid ist halbes Leid.

a) Ein Unglück kommt selten allein.
b) Schaden macht klug.
c) Wer nicht hören will, muss fühlen.
d) Wer im Schaden schwimmt, hat gern, dass andere mit ihm baden.

13. Unmöglichkeiten

Es werden sechs Behauptungen aufgestellt. Dabei sind entweder fünf richtig und eine falsch, oder aber fünf falsch und nur eine richtig. Aufgabe ist es, die eine richtige oder die eine falsche Behauptung herauszufinden.

1. Beispiel:

Unmöglich ist es, dass ein Zebra ...

a) kleiner ist als ein Pferd
b) kariert gestreift ist
c) in einem Stall lebt
d) als Reittier dient
e) Gras frisst
f) traben kann

Lösung: b

(Erklärung: Die Frage war: Welche Behauptung ist entweder als einzige richtig oder falsch? Als einzige richtig ist b – es ist z. B. möglich, dass ein Zebra kleiner ist als ein Pferd.)

2. Beispiel:

Es ist völlig unmöglich, dass ein Huhn ...

a) gackert
b) Eier legt
c) Milch gibt
d) Körner pickt
e) lange lebt
f) Federn hat

Lösung: c

(Erklärung: Als einzige Aussage ist c richtig, alle anderen sind falsch.)

Für die folgenden 15 Aufgaben haben Sie 10 Minuten Zeit.

1. Unmöglich ist es, dass eine Flüssigkeit

a) verdampft
b) kristallisiert
c) sich vermischt
d) eingefärbt wird
e) sich in einem normalen Sieb transportieren lässt
f) eingefroren wird

2. Unmöglich ist es, dass eine Flüssigkeit

a) eine bestimmte Farbe annimmt
b) einen Geruch aufnimmt
c) eine bestimmte Gestalt annimmt
d) eine spezielle Konsistenz erreicht
e) ein Volumen hat
f) eine Verbindung eingeht

3. Unmöglich ist es, ein Lied zu singen ohne ...

a) Notenkenntnis
b) Unterstützung
c) Anteilnahme
d) Energie zu verbrauchen
e) Begleitung
f) Anleitung

4. Auf keinen Fall kann man in der Antarktis ...

a) auf Räuber stoßen
b) russische Forscher antreffen
c) englische Touristen sehen
d) auf Eisbären treffen
e) Eskimos besuchen
f) Schlittschuh laufen

5. Auf keinen Fall kann man in Afrika ...

a) Farbige treffen
b) Schlangen sehen

c) Jaguare jagen
d) amerikanische Touristen beobachten
e) auf Fotosafari gehen
f) Eis essen

6. **Ein Mensch kann auf keinen Fall ...**
a) ewig leben
b) ohne Nahrung auskommen
c) ohne Sauerstoff leben
d) auf Fernsehen verzichten
e) wie ein Vogel fliegen
f) über sehr lange Zeit ohne Schlaf auskommen

7. **Fische können auf keinen Fall auf dem Lande leben, weil ...**
a) sie das Wasser zu sehr lieben
b) das Wasser bessere Nahrung für sie hat
c) sie von der Landwirtschaft nichts verstehen
d) sie an der Luft vertrocknen würden
e) sie Kiemen besitzen
f) sie nicht Traktor fahren können

8. **Es ist völlig unmöglich, in einem Kühlschrank mit kleinem einfachem Eisfach ...**
a) Esswaren aufzubewahren
b) Eiswürfel herzustellen
c) Eis zu schmelzen
d) hochprozentigen Rum gefrieren zu lassen
e) Fisch kurzzeitig frisch zu halten
f) Lebensmittel kühl zu halten

9. **Es ist völlig unmöglich, dass ein Amtsrichter ...**
a) immer Recht hat
b) sich nie irrt
c) selbst zum Verbrecher wird

d) unsterblich ist
e) nicht Jura studiert hat
f) nie einen Fehler macht

10. Auf keinen Fall kann ein Lichtstrahl ...
a) in seine Spektralfarben zerlegt werden
b) umgeleitet werden
c) reflektiert werden
d) verstärkt werden
e) durch ein Brennglas gebündelt werden
f) durch eine Konvexlinse zerstreut werden

11. Es ist völlig unmöglich, dass Schall sich ausbreitet ...
a) in Gasen
b) in geschlossenen Räumen
c) in luftleeren Räumen
d) in Flüssigkeiten
e) bei Nebel
f) bei Dunkelheit

12. Die Summe zweier positiver Zahlen ist unmöglich ...
a) gleich 0
b) durch 7 teilbar
c) kleiner als 2
d) größer als 2 000 000
c) größer als 1
f) kleiner als 1

13. Bei Gegenverkehr ist es wirklich unmöglich, dass ...
a) einem LKWs entgegenkommen
b) man selbst überholt wird
c) Autos am Straßenrand parken
d) Fahrzeuge nur in eine Richtung fahren
e) die Polizei Anstoß nimmt
f) Sichtbehinderungen auftreten

14. Ein Atomkraftwerk kann unmöglich ...

a) einen Unfall haben
b) abgestellt werden
c) billigen Strom produzieren
d) ohne Sicherungsvorkehrungen auskommen
e) in Brand geraten
f) von Terroristen besetzt werden

15. Elektrischer Strom kann auf keinen Fall ...

a) gefährlich sein
b) in Gas umgewandelt werden
c) in Wärme umgewandelt werden
d) in Energie umgewandelt werden
e) teuer sein
f) Leben retten

14. Schlussfolgerungen

Beantworten Sie bitte die folgenden Fragen unter Berücksichtigung der Informationen, die Sie bekommen.

1. Beispiel:
Welches Auto ist am schnellsten?
Auto A ist langsamer als Auto C.
Auto D ist langsamer als Auto B, aber schneller als Auto C.
Lösung: Auto B ist am schnellsten.
(Erklärung: 1. Aussage: A < C – A ist kleiner/langsamer als C; 2. Aussage: C < D < B. Daraus folgt: A < C < D < B – d. h.: Auto B ist am schnellsten.)

2. Beispiel:
Welche Lampe ist die hellste?
Lampe A ist dunkler als Lampe B.
B ist heller als C.
C ist gleich hell wie D.
B ist heller als D.
D ist heller als A.
Lösung: Lampe B ist die hellste.

Es ist kann aber auch bei unseren Aufgaben vorkommen, dass keine eindeutige Aussage möglich ist.

Für 5 Aufgaben haben Sie 10 Minuten Zeit.

1. Schüler

Paul wäre der beste Schüler, wenn Robert nicht wäre.
Friederike und Simone haben immer die gleichen Noten.
Anna ist nicht besser als Simone.
Friederike ist ein bisschen besser als Anna.

Wer ist der/die schlechteste Schüler/in?

a) keine Lösung ist möglich
b) Friederike und Simone
c) Robert
d) Paul
e) Anna

2. Währungen

Der Jenn ist sehr stabil, aber nicht so wie das Fund.
Die Drachmän sind nicht so stabil wie die Rubbels.
Die Schillings sind zwar stabiler als das Fund,
die Drachmän sind jedoch noch fester.
Der Fronk ist nicht die stärkste Währung, aber doch recht begehrt.

Welche Währung ist die stärkste (= stabilste, festeste)?

a) Jenn
b) Fund
c) Drachmän
d) Rubbels
e) Fronk
f) keine Lösung ist möglich

3. Edelsteine

Topazine werden nicht am häufigsten gefunden,
jedoch häufiger als Diamantine.
Rubintine und Turkisine findet man gleich oft,
aber Ametistine werden doch häufiger gefunden.
Jedoch werden Ametistine seltener als Topazine gefunden.
Topazine sind viel schöner als Ametistine.
Granatine findet man nicht so oft wie Diamantine.

Welche Edelsteine findet man am seltensten?

a) Topazine
b) Rubintine und Turkisine
c) keine Lösung ist möglich
d) Turkisine
e) Diamantine
f) Granatine
g) Rubintine
h) Ametistine

4. Hunde

Rambo ist nicht der schnellste Hund, wenn es um die Wurst geht.
Waldi und Bonzo sind gleich schnell.
Ringo ist schneller als Bonzo, aber doch langsamer als Fiffi.
Rikki ist langsamer als Waldi, aber bedeutend schneller als Hektor.
Rambo ist schneller als Rikki, und Hektor ist ein guter Futterverwerter.

Welcher Hund kriegt die Wurst (am schnellsten)?

a) Rikki
b) Waldi
c) keine Lösung ist möglich
d) Fiffi
e) Rambo
f) Bonzo
g) Hektor
h) Ringo

5. Mahlzeit

Sechs Freunde haben eine Abmachung getroffen: Immer, wenn einige von ihnen gemeinsam essen gehen, wird für alle das gleiche Gericht bestellt. Da ihre Lieblingsgerichte sehr unterschiedlich sind, muss sich jeweils ein Freund nach dem anderen richten. Bernd zum Beispiel isst gern Suppen, aber zusammen mit Klaus isst er Braten. Emil und Detlef entscheiden sich zusammen immer für Fisch, wenn aber Andreas mitessen soll, bestellen die drei Salat. Klaus isst zusammen mit Detlef Spaghetti, obwohl er eigentlich lieber etwas anderes essen würde. Franz, der am liebsten Eierspeisen isst, richtet sich immer nach Bernd.

Was wird bestellt, wenn alle sechs Freunde zusammen essen gehen?

a) Hühnchen
b) Braten
c) Salat
d) Spaghetti
e) Fisch
f) keine Lösung ist möglich
g) Eierspeisen
h) Suppe

15. Absurde Schlussfolgerungen

Jetzt geht es darum zu überprüfen, ob Schlussfolgerungen, die aufgrund bestimmter Behauptungen gezogen werden, formal richtig oder falsch sind. Die »reale Wirklichkeit« spielt dabei überhaupt keine Rolle, was die Sache erheblich erschwert und – wie so oft in Tests – Verwirrung stiftet.

1. Beispiel:
Alle Schnecken haben Häuser. Alle Häuser haben Schornsteine.
Schlussfolgerung: Deshalb haben alle Schnecken Schornsteine.
a) stimmt b) stimmt nicht
Lösung: a

2. Beispiel:
Alle Schnecken sind Marathonläufer. Alle Marathonläufer können fliegen, weil sie Fische sind. Fische haben zwei Beine.
Schlussfolgerung: Alle Schnecken haben zwei Beine.
a) stimmt b) stimmt nicht
Lösung: a

3. Beispiel:
Alle Mäuse essen Fisch. Fisch kann miauen.
Also: Mäuse können miauen.
a) stimmt b) stimmt nicht
Lösung: b (Essen und können ist nicht das Gleiche. Es gibt Menschen, die zwar Fisch essen, aber deshalb noch lange nicht wie Fische schwimmen können!)

Für die folgenden 17 Aufgaben haben Sie 15 Minuten Zeit.

Zum ersten Aufgabenteil:

Frage jeweils: Stimmt die Behauptung, oder stimmt sie nicht?

1. **Alle Bleistifte können lesen. Bücher können schreiben.**
   Behauptung: Bleistifte können Bücher schreiben.
   a) stimmt
   b) stimmt nicht

2. **Bücher können schreiben, aber nicht lesen.**
   Bleistifte können lesen, aber nicht schreiben.
   Brillen können lesen und schreiben.
   Behauptung: Brillen sind intelligenter als Bücher und Bleistifte.
   a) stimmt
   b) stimmt nicht

3. **Weitere Behauptung zu 2: Bleistifte können von Brillen nicht zum Schreiben benutzt werden.**
   a) stimmt
   b) stimmt nicht

4. **Spione tauchen gerne unter. U-Boote auch.**
   Also: Spione sind U-Boote.
   a) stimmt
   b) stimmt nicht

5. **Weitere Behauptung zu 4: Was gerne taucht, ist ein U-Boot, aber kein Spion.**
   a) stimmt
   b) stimmt nicht

6. **Bälle können alles beißen. Alle Hunde sind Bälle, und alle Katzen sind rund, weil sie Bälle gerne essen.**
   1. Behauptung: Alle Hunde können beißen.
      a) stimmt
      b) stimmt nicht

2. Behauptung zu 6: Alle Bälle sind rund.
   a) stimmt
   b) stimmt nicht
3. Behauptung zu 6: Bälle können Katzen beißen.
   a) stimmt
   b) stimmt nicht

7. Wenn alle rosa Elefanten zur Schule gehen und lesen können und rote Kugelschreiber nur rosa Elefanten sind, wenn sie singen und zur Arbeit gehen, stimmt dann die Behauptung, dass rosa Elefanten rote Kugelschreiber sind?

a) stimmt
b) stimmt nicht

Zum zweiten Aufgabenteil:

Welche Aussage ist logisch zulässig? Es können auch mehrere bzw. keine einzige Aussage einer Aufgabe logisch richtig sein.

8. Alle Schnürsenkel sind leer.

Was nicht voll ist, kann kein Schnürsenkel sein.
a) Volle Schnürsenkel sind leer.
b) Leere Schnürsenkel sind alles andere als voll.
c) Nicht volle Schnürsenkel sind leer.
d) Man kann sagen, dass einige Schnürsenkel leer sind.
e) Es gibt keine Schnürsenkel, die nicht voll sind.

9. Es ist bekannt, dass Waschmaschinen brüllen können.

Was nicht brüllen kann, kann auch nicht waschen.
a) Alle Waschmaschinen können nicht waschen.
b) Einige Waschmaschinen können brüllen.
c) Einige Waschmaschinen können waschen.
d) Wenn Waschmaschinen nicht brüllen könnten, könnten sie auch nicht waschen.
e) Was wäscht, kann auch brüllen.

10. Im Winter heizen Telefone nur dienstags.
Jeden Dienstag fällt Schnee.
a) Wenn Schnee fällt, heizen Telefone.
b) Jeden Dienstag im Winter heizen Telefone.
c) Telefone heizen immer dienstags.
d) Dienstags im Winter fällt Schnee.
e) Während im Winter dienstags Schnee fällt, heizen Telefone.

11. Alle Bäume tragen ausschließlich dicke Kronen.
Wer dicke Kronen trägt, war beim Zahnarzt.
Nur wer beim Zahnarzt war, kennt Schmerz.
a) Bäume kennen Schmerz.
b) Bäume kennen keinen Schmerz.
c) Wer dicke Kronen trägt, ist kein Baum.
d) Wer Schmerz kennt, ist kein Baum.
e) Kronen tragen Bäume, weil sie beim Zahnarzt waren.
f) Wer Schmerz kennt, war beim Zahnarzt.
g) Dicke Kronen kennen Schmerz.

12. Morgens sind immer alle Stühle blau.
Morgens ist blau unmöglich.
Was morgens unmöglich ist, kann stehen.
a) Alle Stühle sind unmöglich.
b) Alle Stühle können stehen.
c) Abends ist blau möglich.
d) Was nicht unmöglich ist, kann morgens stehen.

13. Nur schlechte Menschen betrügen oder stehlen.
Elfriede ist gut.
a) Elfriede betrügt.
b) Elfriede stiehlt.
c) Elfriede stiehlt nicht.
d) Elfriede betrügt und stiehlt.
e) Elfriede betrügt nicht.

14. Manche Menschen sind Europäer.
Europäer haben drei Beine.
a) Manche Menschen haben drei Beine.
b) Europäer, die Menschen sind, haben drei Beine.
c) Menschen mit zwei Beinen sind keine Europäer.
d) Europäer sind Menschen mit drei Beinen.
e) Europäer mit zwei Beinen sind manchmal Menschen.

15. Jedes Quadrat ist rund.
Alle Quadrate sind rot.
Manche Ecken sind rund.
a) Es gibt Quadrate mit roten Ecken.
b) Es gibt Quadrate mit runden Ecken.
c) Es gibt runde rote Ecken.
d) Ecken in Quadraten sind rund und rot.
e) Rote Quadrate haben runde Ecken.

16. Gute Pfarrer fallen vom Himmel herunter.
Schlechte Pfarrer können singen.
Gute Pfarrer können nicht fliegen.
a) Schlechte Pfarrer fliegen vom Himmel herunter.
b) Gute Pfarrer, die fliegen können, können singen.
c) Manche schlechten Pfarrer können nicht singen.
d) Manche guten Pfarrer sind schlecht, weil sie singen können.
e) Schlechte Pfarrer fallen nicht vom Himmel herunter.

17. Alle Möpse bellen. Kleine Rollmöpse beißen, aber bellen nicht. Gurken lieben Möpse nicht, können aber bellen und beißen.
a) Alle kleinen Möpse bellen.
b) Alle Gurken lieben Rollmöpse.
c) Gurken, die bellen, sind wie Rollmöpse.
d) Beißende Gurken lieben keine bellenden Möpse.
e) Rollmöpse bellen und beißen Gurken.

16. Komplexe Schlussfolgerungen

Einige Formen von grafischen und verbalen Schlussfolgerungen haben Sie schon kennen gelernt (siehe z. B. Aufgaben 10 und 11).
Eine Schlussfolgerung ist zu definieren als eine Annahme, die aus bestimmten Informationen oder Beobachtungen abgeleitet werden kann. So könnte man z. B. aus der Information »Licht hinter einem Fenster« folgern, dass jemand zu Hause ist. Dies muss aber nicht stimmen, da möglicherweise beim Verlassen des Hauses nur vergessen wurde, das Licht zu löschen.
In dem folgenden Test finden Sie Aufgaben mit einem kurzen Einleitungstext, der Informationen enthält. Nehmen Sie diese als Tatsache an. Dann werden Ihnen zu diesem Text mehrere mögliche Schlussfolgerungen präsentiert. Prüfen Sie für jede einzelne Schlussfolgerung den Grad ihrer Berechtigung.
Dabei ergeben sich folgende Möglichkeiten:

W	= wahr Die Schlussfolgerung ergibt sich ohne jeden Zweifel aus den präsentierten Tatsachen.
WW	= wahrscheinlich wahr Die Schlussfolgerung ist wahrscheinlich wahr.
NZB	= nicht zu beurteilen Der Text enthält nicht genügend Informationen, um zu beurteilen, ob die Schlussfolgerung wahr oder falsch ist.
WF	= wahrscheinlich falsch Die Schlussfolgerung muss aufgrund der angeführten Informationen als wahrscheinlich falsch beurteilt werden.
F	= falsch Die Schlussfolgerung ist mit Sicherheit als falsch zu beurteilen.

Beispiel:

Die Anzahl der Studenten nimmt in Deutschland ständig zu. Immer mehr Studenten müssen zur Finanzierung ihres Studiums nebenbei arbeiten. Nach einer repräsentativen Umfrage sind 56 Prozent der Studenten über die Semesterferien hinaus berufstätig. Der Frankfurter Soziologe Albinoni zieht daraus den Schluss: »Je mehr Probleme die Finanzierung des Studiums macht, umso stärker wird die Universität als Belastung empfunden.«

Schlussfolgerungen aufgrund von Aussagen a–e:

a) 56 Prozent der deutschen Studenten gehen auch während der Vorlesungszeit einem Job nach.

Ist diese Aussage entsprechend den obigen Definitionen wahr (W), wahrscheinlich wahr (WW), nicht zu beurteilen (NBZ), wahrscheinlich falsch (WF) oder falsch (F)?

Lösung: W (diese Schlussfolgerung ist direkt aus dem Text zu entnehmen.)

b) Für viele Studenten stellt sich das Studium als eine Belastung dar.

Lösung: WW (Diese Schlussfolgerung kann man als nur wahrscheinlich wahr beurteilen, denn sie steht zwar im Einklang mit der Aussage des Soziologen, ist aber natürlich keine absolute, »letzte« Wahrheit.)

c) Für viele Studenten ist der Gelderwerb für den Lebensunterhalt auch während der Vorlesungszeit genauso wichtig wie das Lernen für das Studium.

Lösung: WF (Der obige Text enthält keine eindeutigen Informationen für eine derart krasse Beurteilung, sie ist aber auch nicht mit absoluter Sicherheit als »falsch« auszuschließen, es gibt jedoch Hinweise in dieser Richtung.)

d) Die Zahl der berufstätigen Studenten in Deutschland nimmt in Relation genauso zu wie die Zahl der Studenten.

Lösung: F (Diese Verknüpfung – steigende Studentenzahl/steigende Zahl der berufstätigen Studenten – ist willkürlich, dafür gibt es keine Informationen.)

e) Über 80 Prozent der Studenten arbeiten während der Semesterferien.

Lösung: NZB (Aus dem Text nicht zu beurteilen, wenn auch vorstellbar.)

Wichtig: Nicht alle Lösungskategorien (von W bis F) müssen bei jeder Aufgabe vorkommen.

Für die folgenden 4 Aufgaben haben Sie 10 Minuten Zeit.

1. Nach Gewerkschaftsangaben macht die Arbeit Büroangestellte fast ebenso schnell krank wie Arbeiter in der Fabrik. Während Fließbandarbeiter im Schnitt mit 53,5 Jahren wegen Krankheit frühberentet werden, scheiden männliche Angestellte mit durchschnittlich 54,3 Jahren wegen Arbeitsunfähigkeit aus ihrem Beruf aus. So erreicht nur ein Drittel aller Berufstätigen das Rentenalter arbeitend.

a) Die Krankheitsursachen bei Büroangestellten liegen in den Beziehungen zwischen Vorgesetzten und Kollegen.
b) Arbeit im Büro ist fast genauso belastend wie Arbeit in einer Fabrik.
c) Büroangestellte arbeiten durchschnittlich genau ein Jahr länger als die Fließbandarbeiter.
d) Die Gewerkschaft fordert daraufhin wenigstens eine bessere psychologische Betreuung für Büroangestellte.
e) Die statistischen Daten der Gewerkschaft, bezogen auf weibliche Angestellte, unterscheiden sich von den Angaben, die männliche Arbeiter betreffen.

2. Die Fraktion Bündnis 90/Grüne fordert vehement den Erhalt des Berliner »Hofbegrünungsprogramms«. Das Projekt war 1985 – also noch in Zeiten des geteilten Berlins – eingerichtet worden. Es ermöglichte bisher die Verschönerung von über 2000 Höfen in den Innenstadtbezirken. Die Grünen: »Der Senat soll nicht am City-Grün sparen.«

a) Da die Kosten der Einheit höher als erwartet ausfallen, versucht der Senat, u. a. am City-Grün zu sparen.
b) In den letzten Jahren sind verhältnismäßig mehr Höfe begrünt worden als in den ersten Jahren des »Hofbegrünungsprogramms«.
c) Nicht einmal die Hälfte der Höfe, die im Rahmen des Projekts verschönert werden sollten, ist begrünt worden.
d) In der zweiten Hälfte der 80-er Jahre des 20. Jahrhunderts wurde auf das City-Grün in West-Berlin besonders geachtet.
e) Der größte Teil der nach dem Hofbegrünungsprogramm begrünten Höfe befindet sich im Ostteil der Stadt.

3. Der Schall ist eine sich wellenförmig ausbreitende Schwingung der Moleküle eines Stoffes (z. B. Luft). Schwingungen mit einer Frequenz zwischen 16 Hz und 20 000 Hz befinden sich im Hörbereich und können im menschlichen Gehör einen Sinneseindruck hervorrufen. Das Hörvermögen ist von Mensch zu Mensch unterschiedlich. Schwingungen mit einer Frequenz unterhalb von 16 Hz werden als Infraschall, oberhalb von 20 000 Hz als Ultraschall bezeichnet.

a) Für die Qualität der Ausbreitung des Schalles spielt das Medium keine große Rolle.
b) Es gibt Schwingungen, die weder als Infraschall noch als Ultraschall zu bezeichnen sind.
c) Schwingungen in dem Frequenzbereich zwischen Infraschall und Ultraschall können im menschlichen Gehör keinen Sinneseindruck hervorrufen.
d) Nur sehr wenige Menschen sind in der Lage, Schwingungen mit einer Frequenz von unter 16 Hz akustisch wahrzunehmen.
e) Die meisten Tiere haben ein deutlich feineres Hörvermögen als Menschen.

4. Etwa 300 000 Fach- bzw. Hochschulabsolventen stehen jedes Jahr in Deutschland vor dem Problem, eine adäquate Arbeitsstelle zu finden. Dabei bleibt den meisten von ihnen eine intensive Auseinandersetzung mit dem Thema Bewerbung nicht erspart. Die Bewerbung ist eine klassische Prüfungssituation, die Chancen und Risiken beinhaltet: Bestätigung oder Abweisung. Die Zahl der Bewerber für eine Stelle ist in der Regel hoch. Das Autorenteam Hesse/Schrader zieht daher den Schluss: »Bei der Bewerbung ist eine gezielte Vorbereitung die Grundregel Nummer 1.«

a) Hochschulabsolventen finden leichter eine Arbeitsstelle als Abiturienten einen Ausbildungsplatz.
b) Das Autorenteam Hesse/Schrader hat sich mit dem Thema Bewerbung befasst.
c) Jeder Hochschulabsolvent, der eine Arbeitsstelle sucht, muss sich mehrfach bewerben.
d) Die Chancen, in einer Bewerbungssituation eine Bestätigung bzw. eine Abweisung zu bekommen, liegen bei 50:50.
e) Hochschulabschluss ist kein Freifahrtschein für eine berufliche Karriere.

17. Nochmals Schlussfolgerungen/ Syllogismen

Diesen Aufgabentypus kennen Sie schon aus Schlussfolgerungen, absurden Schlussfolgerungen und auch in gewisser Weise aus der vorhergehenden Aufgabe (Komplexe Schlussfolgerungen). Hier noch einmal derartige Aufgaben, allerdings in einer anderen Präsentationsform.
Auf jede der folgenden zwei Aussagen (Prämissen) folgen mehrere Schlussfolgerungen. Nehmen Sie die beiden Prämissen als wahre Aussagen an und entscheiden Sie für die Schlussfolgerungen, ob sie zwingend aus ihnen folgen oder nicht. Lassen Sie sich dabei nicht durch Ihre Meinung beeinflussen, sondern richten Sie Ihr Urteil nur nach den vorgegebenen beiden Aussagen.

Stets ergeben sich folgende Möglichkeiten:

folgt:	a (Entscheidung für a)
folgt nicht:	b (Entscheidung für b)

Beispiel:
Manche Feiertage sind verregnet. Alle verregneten Feiertage sind langweilig, also ...

1. ... ist kein sonniger Tag langweilig.
   Sie würden (b) notieren, da dies nicht folgt.
2. ... sind einige Feiertage langweilig.
   Dies folgt, also setzen Sie ein (a).
3. ... sind einige Feiertage nicht langweilig. Sie würden (b) notieren, da dies nicht folgt.

Für die folgenden 18 Aufgaben haben Sie 5 Minuten Bearbeitungszeit.

A. Alle Bankräuber, die die Bank X im Jahre 1979 überfielen, trugen eine getönte Brille. Bankräuber, die keine getönte Brille tragen, lassen sich leicht von Zeugen wiedererkennen.

1) 1979 haben alle Bankräuber in der Stadt X eine getönte Brille getragen.
2) Die Bank X wurde von Bankräubern überfallen, die getönte Brillen trugen.
3) Bankräuber tragen eine getönte Brille, um nicht wiedererkannt werden zu können.

B. Einige Krankenschwestern arbeiten halbtags. Krankenschwestern, die Nachtdienst haben, haben immer eine volle Stelle.

4) Krankenschwestern mit einer vollen Stelle müssen auch nachts arbeiten.
5) Krankenschwestern arbeiten nachts, wenn sie eine volle Stelle haben.
6) Es gibt einige Krankenschwestern, die nachts nicht arbeiten.

C. Manche Leute vertragen sich wie Hund und Katze. Einige Personen halten Haustiere.

7) Es gibt Haustierbesitzer, die sich wie Hund und Katze vertragen.
8) Manche Leute vertragen Haustiere nicht.
9) Leute, die sich wie Hund und Katze vertragen, halten keine Haustiere.

D. Alle Musikwissenschaftler können ein Instrument spielen. Manche Instrumente sind sehr schwierig zu spielen.

10) Es gibt Musikwissenschaftler, die ein Instrument spielen können.
11) Schwierige Instrumente werden nicht von Musikwissenschaftlern gespielt.
12) Es gibt Musikwissenschaftler, die schwierige Instrumente spielen können.

E. Einige Politiker sind korrupt. Alle Politiker sind ehrgeizig.

13) Es gibt Politiker, die ehrgeizig und korrupt sind.
14) Politiker, die ehrgeizig sind, sind korrupt.
15) Korrupte Politiker können ehrgeizig sein.

F. Alle ernst zu nehmenden Krankheitssymptome beeinträchtigen die Lebensqualität. Einige ernst zu nehmende Krankheitssymptome sind lebensgefährlich.

16) Einige ernst zu nehmende, lebensgefährliche Krankheitssymptome beeinträchtigen die Lebensqualität nicht.
17) Alle ernst zu nehmenden Krankheitssymptome, die die Lebensqualität beeinträchtigen, sind lebensgefährlich.
18) Alle ernst zu nehmenden Krankheitssymptome, die lebensgefährlich sind, beeinträchtigen die Lebensqualität.

18. Meinung oder Tatsache

Zurück zur Realität. Jetzt geht es darum, Meinungen von Tatsachen zu unterscheiden. Tatsachen sind so charakterisiert, dass sie sofort bzw. in relativ kurzer Zeit beweisbar wären, Meinungen dagegen müssen erst ausdiskutiert werden.

Beispiel:
Rauchen ist ungesund.
a) Tatsache b) Meinung
Lösung: a

Die Sterne lügen nicht.
a) Tatsache b) Meinung
Lösung: b

Für die folgenden 10 Aufgaben haben Sie 2 Minuten Zeit.

1. **Der Weltraum ist unendlich.**
   a) Tatsache b) Meinung

2. **Geld verdirbt den Charakter.**
   a) Tatsache b) Meinung

3. **Menschen sind Sozialwesen.**
   a) Tatsache b) Meinung

4. **Soziales Engagement hat einen christlichen Ursprung.**
   a) Tatsache b) Meinung

5. **Politik ist ein schmutziges Geschäft.**
   a) Tatsache b) Meinung

6. **Fernsehen bildet.**
a) Tatsache b) Meinung

7. **Es gibt Menschen, die glauben an ihr Horoskop.**
a) Tatsache b) Meinung

8. **Die Umweltzerstörung hat in den letzten Jahren zugenommen.**
a) Tatsache b) Meinung

9. **Man sagt, dass Treibgas die Ozonschicht zerstört.**
a) Tatsache b) Meinung

10. **Manche Zeitungen lügen.**
a) Tatsache b) Meinung

19. Flussdiagramme

Die folgenden Übungsaufgaben sollen Ihnen Gelegenheit geben, sich mit einem bestimmten Aufgabentyp aus gängigen Eignungsverfahren (Fluss- oder Ablaufdiagramm) besser vertraut zu machen.
Eine Reihe von Problemstellungen und möglichen Lösungswegen werden in einem Flussdiagramm schematisch dargestellt. Zur Problemlösung gelangen Sie, indem Sie den Pfeilen des Flussdiagramms Schritt für Schritt folgen und das Schema begreifen.
Die »Bausteine« (Felder) des Flussdiagrams können sein: Handlungsschritte, Fragen, Antworten.
Ihre Aufgabe ist es, für die nummerierten ovalen »Bausteine« (Felder) aus einer vorgegebenen Lösungsmenge a–e jeweils den richtigen Text auszuwählen, sodass das gesamte Flussdiagramm einen stimmigen Problemlösungsablauf aufzeigt.
Sie finden also zu den lediglich mit einer Ziffer versehenen ovalen »Bausteinen« (Feldern) jeweils für aus Texten bestehende Lösungsvorschläge (a, b, c, d, e), von denen nur einer richtig ist. Diesen gilt es für jeden nummerierten »Baustein« (1–3) logisch richtig herauszufinden. Nochmals: Nur jeweils eine Lösung (für einen »Baustein«) ist richtig.

Beispiel:
Mit der Vorbereitung eines Bades kennen Sie sich aus. Sie müssen warmes und kaltes Wasser in die Wanne laufen lassen, die Temperatur überprüfen, ggf. Wasser ab- oder weiteres warmes oder kaltes Wasser zulaufen lassen, um dann endlich baden zu können.

In dem folgenden Flussdiagramm ist das Problem schematisch dargestellt. Zunächst wird Wasser in die Wanne gelassen, dann muss man entscheiden, ob die Wanne zu voll ist, die Temperatur überprüfen usw.

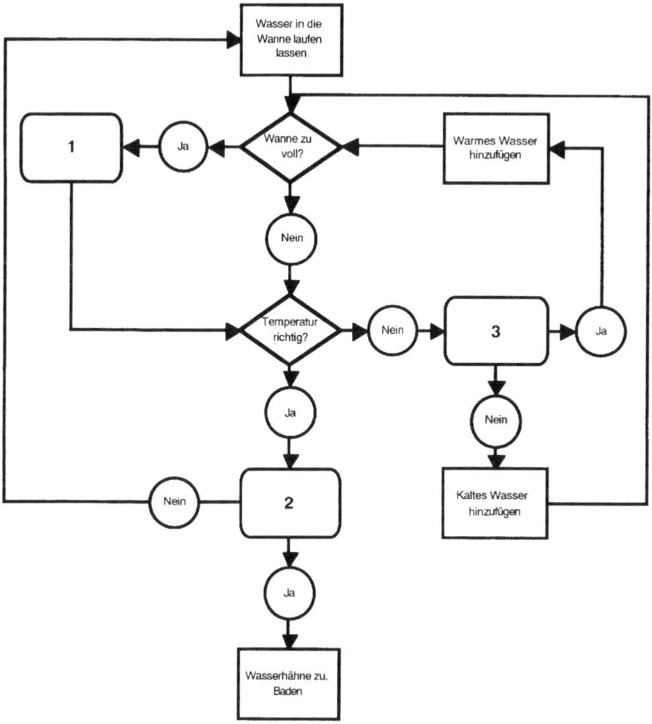

Welcher Text gehört in die Bausteine 1, 2, 3, damit das Flussdiagramm logisch richtig vervollständigt ist?

1. Aufgabe: Welcher Text gehört in den ovalen Baustein 1?

a) Warmes Wasser hinzufügen
b) Kaltes Wasser hinzufügen
c) Wanne zu voll?
d) Etwas Wasser ablaufen lassen
e) Zusätzliches Wasser hinzufügen

Lösung: d

Begründung: Lösung c kann es nicht sein, denn in diesem Feld kann keine Frage kommen. Die Lösungen a, b und e scheiden auch aus, da die ja eben als zu voll erkannte Wanne überlaufen würde.

2. Welcher Text gehört in den ovalen Baustein 2?

a) Wanne zu voll?
b) Wanne voll genug?
c) Wanne zu leer?
d) Temperatur ist zu kalt.
e) Temperatur ist richtig.

Lösung: b

Begründung: Die Lösungen d und e scheiden aus, weil das Feld eine Frage beinhalten muss (schließlich folgt ein JA oder NEIN). Lösung a scheidet aus, denn die Wanne kann nicht zu voll sein, das wird bereits am Anfang überprüft (Wanne zu voll?). Auch c kann nicht die richtige Lösung sein, denn das führt ja dazu, die Wasserhähne zu schließen und zu baden. Also kann die Wanne nicht zu leer sein.

3. Aufgabe: Welcher Text gehört in den ovalen Baustein 3?

a) Temperatur zu kalt?
b) Temperatur zu warm?
c) Wanne zu voll?
d) Wanne ist voll.
e) Wasser ablaufen lassen.

Lösung: a

Begründung: Lösungen d und entfallen, weil sie keine Fragen sind, aber der Anschluss JA und NEIN folgt. Lösung C scheidet aus, denn die Wanne ist bereits überprüft. Lösung b ist ebenfalls falsch, weil man bei zu warmem Wasser kein zusätzliches warmes Wasser hinzufügen würde.

Hier nun 10 Aufgaben mit insgesamt 30 Fragen. Sie haben 45 Minuten Zeit.

1. Lagerhallen

Eine Fabrik besitzt drei Lagerhallen:

Im Lager A befinden sich:	→ Geschirr (Porzellan)
	→ Gläser (Glas)
Im Lager B befinden sich:	→ Industrieteile (Porzellan)
Im Lager C befinden sich:	→ Steingut
	→ Flaschen (Glas)

1.1. Aufgabe: Welcher Text gehört in den ovalen Baustein 1?

a) Industrieteile?
b) Stück kann nicht getrennt werden.
c) Porzellan?
d) Geschirr?
e) Gläser?

1.2. Aufgabe: Welcher Text gehört in den ovalen Baustein 2?

a) Gläser?
b) Flaschen?
c) Geschirr?
d) Stück ist aus Glas.
e) Industrieteile?

1.3. Aufgabe: Welcher Text gehört in den ovalen Baustein 3?

a) Stück ist ein Teller.
b) Stück ist eine Flasche.
c) Industrieteile?
d) Stück ist aus Steingut.
e) Ist Stück eine Flasche?

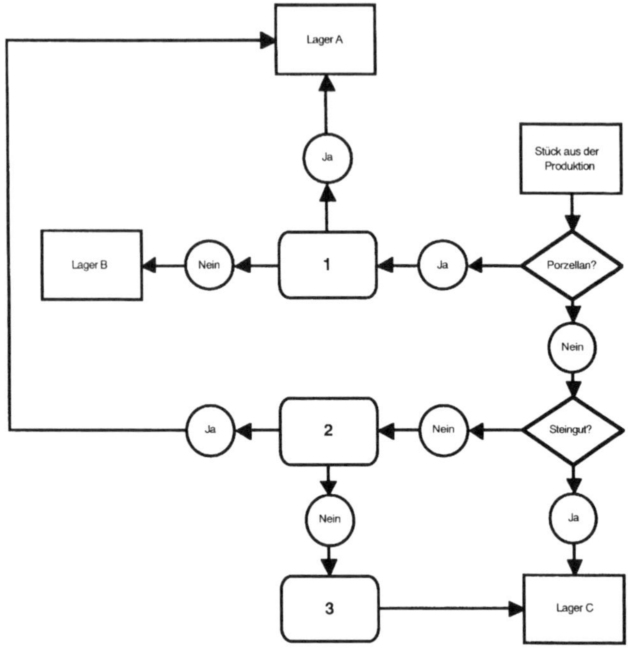
Lager A
Ja
Stück aus der Produktion
Lager B
Nein
1
Ja
Porzellan?
Nein
Ja
2
Nein
Steingut?
Nein
Ja
3
Lager C

2. Kurierdienst

Ein privater Kurierdienst hat folgende Tarife:
→ Brief: Tarif A; mit Expresszuschlag Tarif B
→ Päckchen bis 3 kg: Tarif B; mit Expresszuschlag Tarif C
→ Paket über 3 kg: Tarif C; mit Expresszuschlag Tarif D

2.1. Aufgabe: Welcher Text gehört in den ovalen Baustein 1?

a) Expresszuschlag bezahlen
b) Ist es ein Päckchen?
c) Ist es ein Paket?
d) Ist es ein Brief?
e) Express-Sendung?

2.2. Aufgabe: Welcher Text gehört in den ovalen Baustein 2?

a) Tarif A
b) Tarif C
c) Päckchen ist zu schwer für die Sendung
d) Tarif D
e) Brief schicken

2.3. Aufgabe: Welcher Text gehört in den ovalen Baustein 3?

a) Firma »ASSO« ist pleite
b) Tarif ist berechnet
c) Kurierdienst kann Auftrag nicht entgegennehmen
d) Tarif ist falsch berechnet
e) Keine Sendung ist möglich

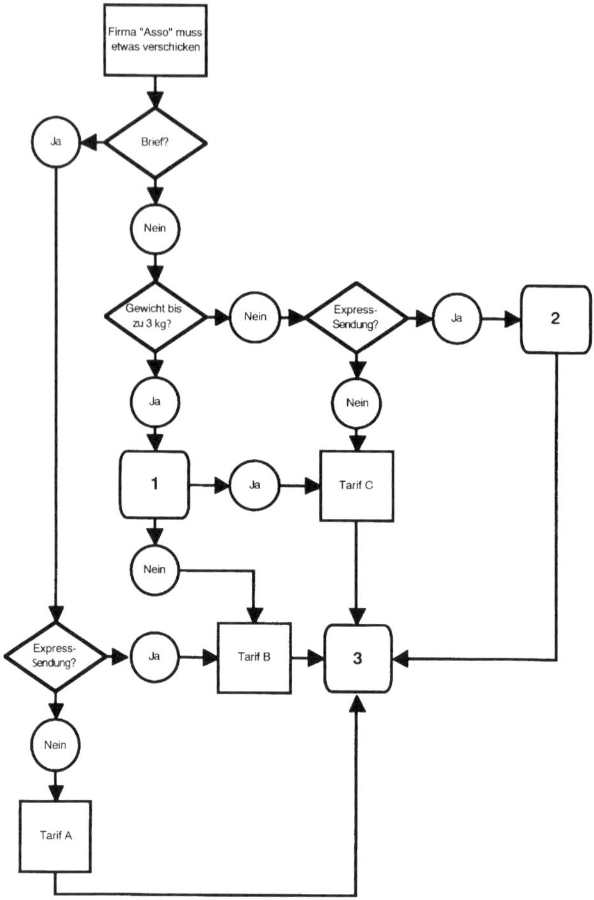
Firma "Asso" muss etwas verschicken
Brief?
Ja
Nein
Gewicht bis zu 3 kg?
Nein
Express-Sendung?
Ja
2
Ja
Nein
1
Ja
Tarif C
Nein
Express-Sendung?
Ja
Tarif B
3
Nein
Tarif A

3. Murmeln

Ein Kind sortiert seine Murmeln. Es hat
→ rote Murmeln (große und kleine)
→ gelbe Murmeln (große)
→ blaue Murmeln (kleine)

Die kleinen roten kommen in den Kasten A,
die blauen in den Kasten D,
die großen roten in den Kasten B,
die gelben in den Kasten C.

3.1. Aufgabe: Welcher Text gehört in den ovalen Baustein 1?

a) Murmel in Kasten B
b) Farbe gelb?
c) Farbe rot?
d) Farbe blau?
e) Ist sie klein?

3.2. Aufgabe: Welcher Text gehört in den ovalen Baustein 2?

a) Ist sie klein?
b) Farbe blau?
c) Farbe gelb?
d) Murmel in Kasten B
e) Farbe rot?

3.3. Aufgabe: Welcher Text gehört in den ovalen Baustein 3?

a) Es sind keine Murmeln, sondern Knöpfe.
b) Murmel kaputt?
c) Kästen weggestellt?
d) Alle Murmeln sortiert?
e) Murmeln sind falsch sortiert

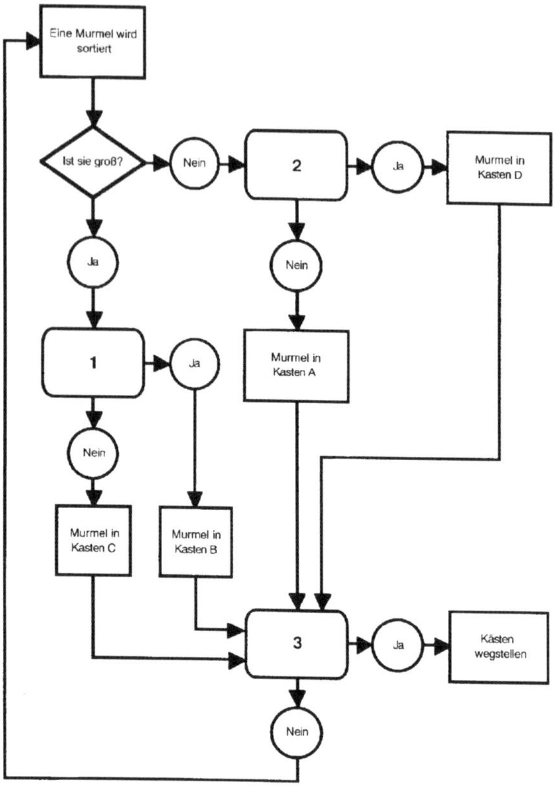
Eine Murmel wird sortiert
Ist sie groß?
Nein
2
Ja
Murmel in Kasten D
Ja
Nein
1
Ja
Murmel in Kasten A
Nein
Murmel in Kasten C
Murmel in Kasten B
3
Ja
Kästen wegstellen
Nein

4. Einbruch

Ein Einbrecher will in der Villa von Professor Witzig den Safe knacken. Der Professor hat einen Butler, Herr Riese, der im Nebenhaus wohnt.

4.1. Aufgabe: Welcher Text gehört in den ovalen Baustein 1?

a) Hat der Butler ihn gehört?
b) Ist er leise genug gewesen?
c) Hat er den Weg zum Safe gefunden?
d) Hat er seine Tat bereut?
e) Hat er sein Einbrecherwerkzeug mit?

4.2. Aufgabe: Welcher Text gehört in den ovalen Baustein 2?

a) Hat er Schnupfen?
b) Der Safe ist nicht da.
c) Hat er zu viel Lärm gemacht?
d) Hat er den Safe gefunden?
e) Er will flüchten.

4.3. Aufgabe: Welcher Text gehört in den ovalen Baustein 3?

a) Hat er alles eingesteckt?
b) Steht die Polizei vor dem Haus?
c) Hat er seine Tat bereut?
d) Der Einbrecher ist erfolgreich gewesen.
e) Der Butler hat die Polizei gerufen.

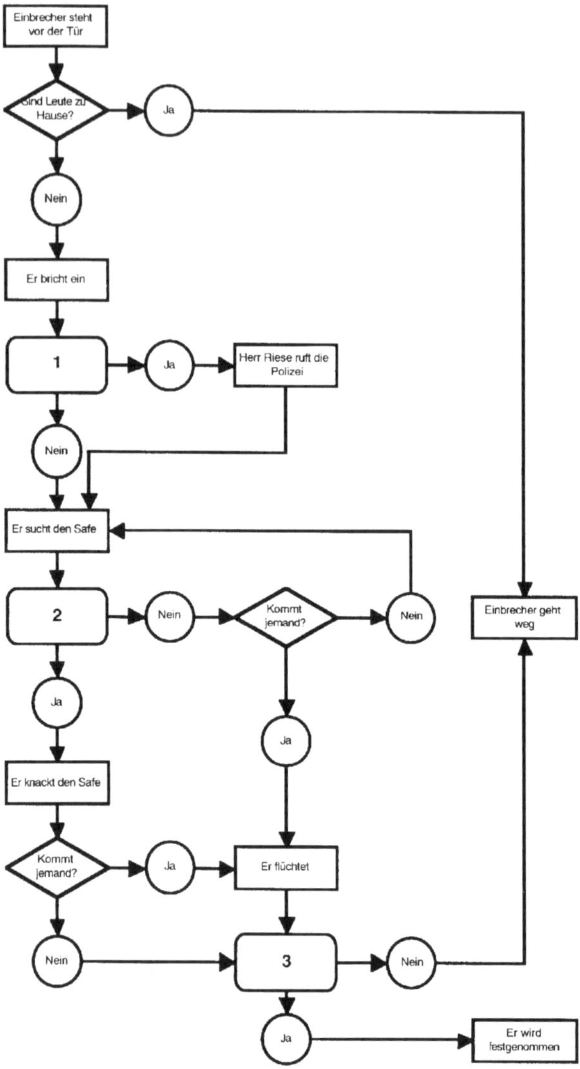
Einbrecher steht vor der Tür
Sind Leute zu Hause?
Ja
Nein
Er bricht ein
1
Ja
Herr Riese ruft die Polizei
Nein
Er sucht den Safe
2
Nein
Kommt jemand?
Nein
Einbrecher geht weg
Ja
Ja
Er knackt den Safe
Kommt jemand?
Ja
Er flüchtet
Nein
3
Nein
Ja
Er wird festgenommen

5. Geschirrfabrik

In einer Fabrik wird handbemaltes Porzellangeschirr produziert. Die Stücke müssen zweimal gebrannt werden. Beim ersten Brennvorgang leicht beschädigte Stücke kommen unbemalt in den zweiten Brennvorgang. Leicht beschädigte Stücke werden als 2.-Wahl-Ware (B-Produktion) verkauft und kommen in das Lager 2.
1.-Wahl-Ware (A-Produktion) wird dagegen im Lager 1 gelagert.

5.1. Aufgabe: Welcher Text gehört in den ovalen Baustein 1?

a) Stück kommt in das Lager 1
b) Stück kommt in das Lager 2
c) Stück wird weggeschmissen
d) Stück wird bemalt
e) Ist Stück kaputt?

5.2. Aufgabe: Welcher Text gehört in den ovalen Baustein 2?

a) Stück leicht beschädigt?
b) Stück ist ein Teller
c) Stück zum Lager 1
d) Erster Brennvorgang
e) Stück wird bemalt

5.3. Aufgabe: Welcher Text gehört in den ovalen Baustein 3?

a) Stück wird lasiert
b) Dritter Brennvorgang
c) Stück aus A-Produktion?
d) Lasur leicht beschädigt?
e) Ist das Stück ein Teller?

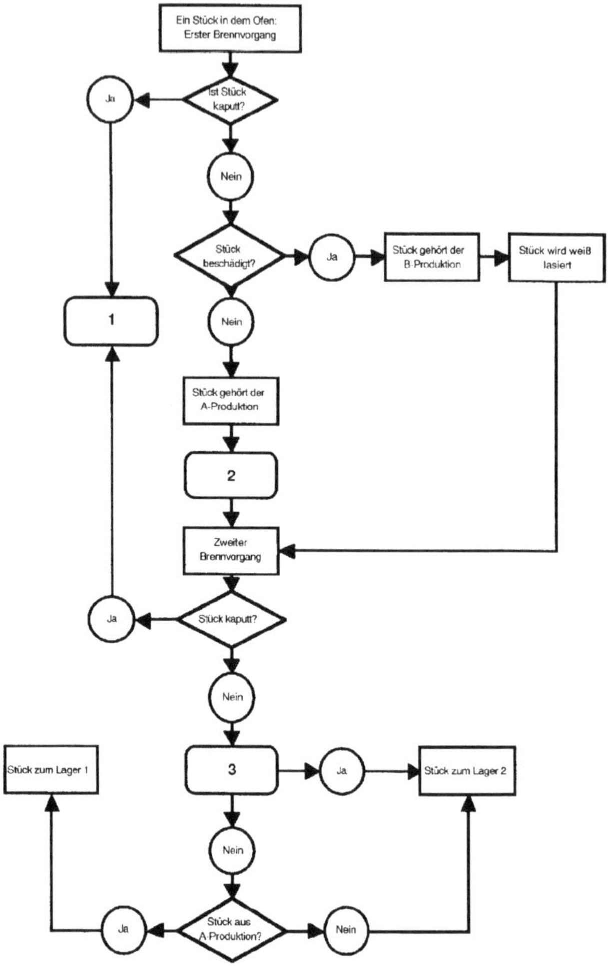
Ein Stück in dem Ofen:
Erster Brennvorgang
Ist Stück kaputt?
Ja
Nein
Stück beschädigt?
Ja
Stück gehört der B-Produktion
Stück wird weiß lasiert
1
Nein
Stück gehört der A-Produktion
2
Zweiter Brennvorgang
Ja
Stück kaputt?
Nein
Stück zum Lager 1
3
Ja
Stück zum Lager 2
Nein
Ja
Stück aus A-Produktion?
Nein

6. Fahrkartenautomat

Ein Fahrkartenautomat stellt folgende Tickets aus:

→ Normalticket	3,20 €
→ Kurzstrecke	0,80 €
→ Reduziert (bis 14 Jahre)	1,80 €

6.1. Aufgabe: Welcher Text gehört in den ovalen Baustein 1?

a) Ticket beim Bahnpersonal kaufen
b) Nach Hause gehen
c) Reklamieren
d) Ist es eine Kurzstrecke?
e) Geld einwerfen

6.2. Aufgabe: Welcher Text gehört in den ovalen Baustein 2?

a) Ist es eine Kurzstrecke?
b) Ist es eine Langstrecke?
c) Ist der Reisende älter als 14 Jahre?
d) Geld suchen
e) Nach Hause gehen

6.3. Aufgabe: Welcher Text gehört in den ovalen Baustein 3?

a) In die Bahn einsteigen
b) Geld in die Tasche gesteckt?
c) Ticket einstecken
d) Ticket erhalten?
e) Ist es eine Kurzstrecke?

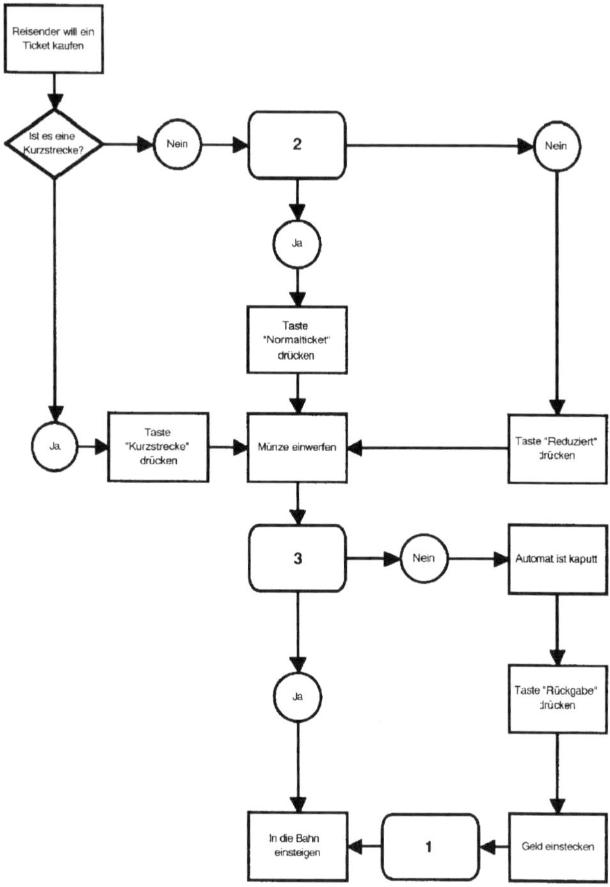
Reisender will ein Ticket kaufen
Ist es eine Kurzstrecke?
Nein
2
Nein
Ja
Taste "Normalticket" drücken
Ja
Taste "Kurzstrecke" drücken
Münze einwerfen
Taste "Reduziert" drücken
3
Nein
Automat ist kaputt
Ja
Taste "Rückgabe" drücken
In die Bahn einsteigen
1
Geld einstecken

7. Waschmaschinen

Ein Geschäft verkauft drei verschiedene Waschmaschinentypen:
→ ÖKO-CLEAN: 1500 €, sofort lieferbar, in Weiß oder Grün
→ WASCH-O-MATIC: 1200 €, 8 Wochen Lieferzeit, in Weiß oder Braun
→ SAUBER-AZ: 1000 €, 4 Wochen Lieferzeit, nur in Braun

7.1. Aufgabe: Welcher Text gehört in den ovalen Baustein 1?

a) Lieferzeit von 8 Wochen zu lang?
b) Das Produkt gefällt dem Kunden nicht?
c) Kunde kauft WASCH-O-MATIC
d) 8 Wochen Lieferzeit OK?
e) Farbe Braun OK?

7.2. Aufgabe: Welcher Text gehört in den ovalen Baustein 2?

a) Farbe Braun OK?
b) Farbe Weiß OK?
c) Farbe spielt keine Rolle
d) Lieferzeit von 8 Wochen zu lang?
e) Kunde kauft nichts

7.3. Aufgabe: Welcher Text gehört in den ovalen Baustein 3?

a) Die Frau des Kunden wäscht per Hand
b) Kunde braucht keine Waschmaschine
c) Kunde kann sich nicht entscheiden
d) Kunde kauft nichts
e) Kann sich der Kunde eine Waschmaschine leisten?

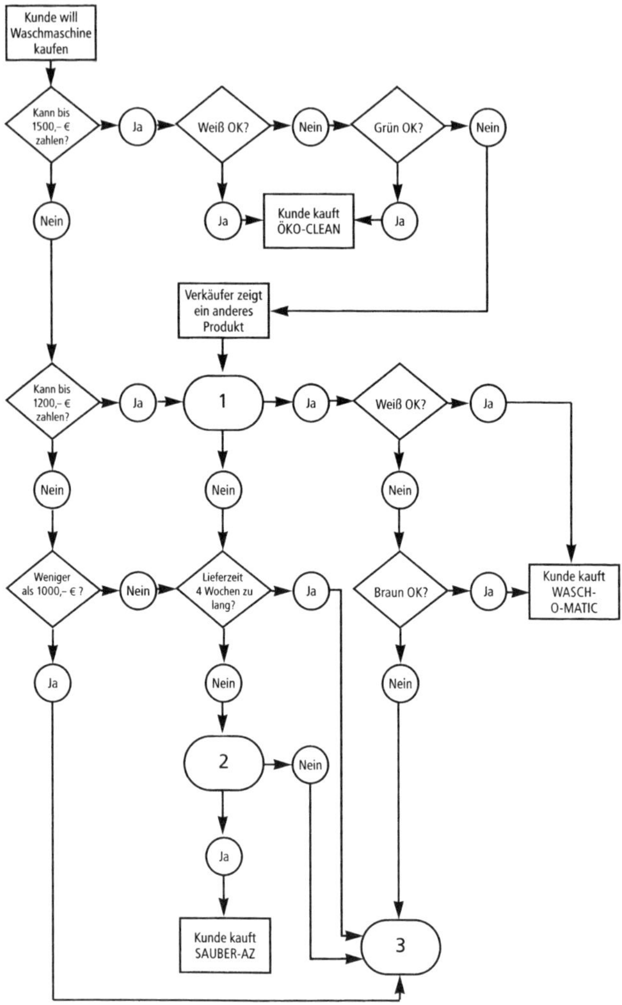
Kunde will Waschmaschine kaufen
Kann bis 1500,– € zahlen?
Ja
Weiß OK?
Nein
Grün OK?
Nein
Nein
Ja
Kunde kauft ÖKO-CLEAN
Ja
Verkäufer zeigt ein anderes Produkt
Kann bis 1200,– € zahlen?
Ja
1
Ja
Weiß OK?
Ja
Nein
Nein
Nein
Weniger als 1000,– € ?
Nein
Lieferzeit 4 Wochen zu lang?
Ja
Braun OK?
Ja
Kunde kauft WASCH-O-MATIC
Ja
Nein
Nein
2
Nein
Ja
Kunde kauft SAUBER-AZ
3

8. Telefonat

In dem Büro der Rechtsanwälte Schwarz, Erichsson und Karsten klingelt eines Tages das Telefon. Die Sekretärin muss beachten, dass:

→ RA Schwarz auf alle Fälle für seine Schwiegermutter nicht da ist.

→ RA Erichsson wirklich nicht da ist. Sollte sich Herr Müller melden, muss die Sekretärin die Privatnummer von RA Erichsson herausgeben.

→ RA Karsten manchmal unterwegs ist. Falls er nicht da ist, muss Frau Rose gesagt werden, dass er in einer wichtigen Sitzung ist.

8.1. Aufgabe: Welcher Text gehört in den ovalen Baustein 1?

a) Erichsson selbst ruft an.
b) Ist es Herr Müller für Erichsson?
c) Ist es die Schwiegermutter von Schwarz?
d) Der Anrufer legt den Hörer auf.
e) Ist es Herr Erichsson für Müller?

8.2. Aufgabe: Welcher Text gehört in den ovalen Baustein 2?

a) Klingelt das 2. Telefon?
b) Keiner der Anwälte ist da.
c) Sekretärin legt den Hörer auf.
d) Telefongespräch wird beendet.
e) Sekretärin verbindet.

8.3. Aufgabe: Welcher Text gehört in den ovalen Baustein 3?

a) Der Anruf ist für Erichsson.
b) Der Anrufer spinnt.
c) Ist der Anruf für Erichsson?
d) Sekretärin legt den Hörer auf.
e) Am Apparat ist Frau Rose.

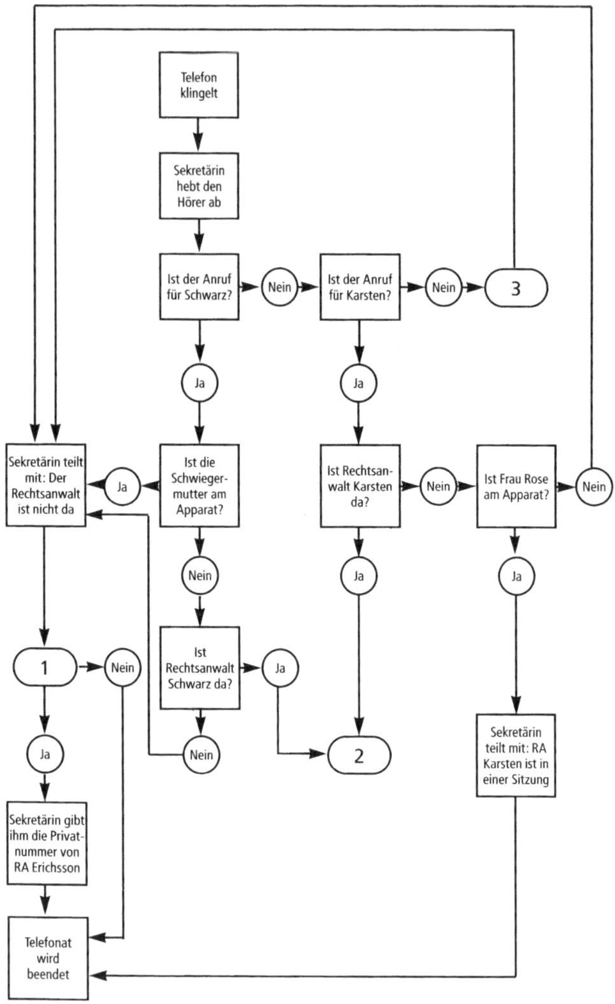
Telefon klingelt
Sekretärin hebt den Hörer ab
Ist der Anruf für Schwarz?
Nein
Ist der Anruf für Karsten?
Nein
3
Ja
Ja
Sekretärin teilt mit: Der Rechtsanwalt ist nicht da
Ja
Ist die Schwieger-mutter am Apparat?
Ist Rechtsan-walt Karsten da?
Nein
Ist Frau Rose am Apparat?
Nein
Nein
Ja
Ja
1
Nein
Ist Rechtsanwalt Schwarz da?
Ja
Ja
Nein
2
Sekretärin teilt mit: RA Karsten ist in einer Sitzung
Sekretärin gibt ihm die Privat-nummer von RA Erichsson
Telefonat wird beendet

9. Flugticket

Ein Reisebüro bietet folgende Flugtickets nach Rom an:
A: nur Hinflug, 150 €
B: hin und zurück, 275 €
C: Spartarif (Mo, Mi, Do), 225 €
D: Wochenendflug hin Fr 20 Uhr, zurück So 7.15 Uhr, 190 €

Herr G. muss unbedingt nach Rom, möchte allerdings möglichst preisgünstig fliegen.

9.1. Aufgabe: Welcher Text gehört in den ovalen Baustein 1?

a) Sind Plätze für Tarif D frei?
b) Sind Plätze für Tarif B frei?
c) Kann Herr G. am Montag fliegen?
d) Herr G. muss das Ticket B kaufen.
e) Hat der Kunde das Geld mit?

9.2. Aufgabe: Welcher Text gehört in den ovalen Baustein 2?

a) Herr G. fliegt nach Madrid.
b) Herr G. muss 275 € zahlen.
c) Ticket kann nicht ausgestellt werden.
d) Ticket B wird ausgestellt.
e) Ticket C wird ausgestellt.

9.3. Aufgabe: Welcher Text gehört in den ovalen Baustein 3?

a) Ticket ausgestellt?
b) Herr G. steckt Wechselgeld ein.
c) Herr G. nimmt das Ticket mit.
d) Herr G. verlässt das Reisebüro.
e) Herr G. kauft das Ticket.

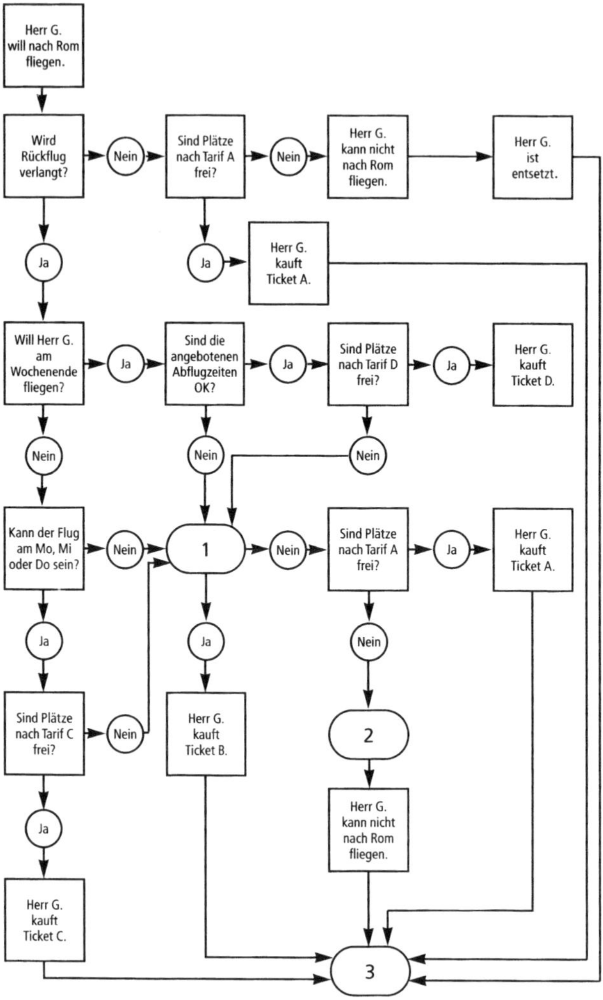
Herr G. will nach Rom fliegen.
Wird Rückflug verlangt?
Nein
Sind Plätze nach Tarif A frei?
Nein
Herr G. kann nicht nach Rom fliegen.
Herr G. ist entsetzt.
Ja
Ja
Herr G. kauft Ticket A.
Will Herr G. am Wochenende fliegen?
Ja
Sind die angebotenen Abflugzeiten OK?
Ja
Sind Plätze nach Tarif D frei?
Ja
Herr G. kauft Ticket D.
Nein
Nein
Nein
Kann der Flug am Mo, Mi oder Do sein?
Nein
1
Nein
Sind Plätze nach Tarif A frei?
Ja
Herr G. kauft Ticket A.
Ja
Ja
Nein
Sind Plätze nach Tarif C frei?
Nein
Herr G. kauft Ticket B.
2
Herr G. kann nicht nach Rom fliegen.
Ja
Herr G. kauft Ticket C.
3

10. Partnervermittlung

Die Eheanbahnungsagentur »Romeo und Julia« ist erfolgreich tätig. Da das Geschäft so gut läuft, sind die meisten ihrer (ehemaligen) Kunden bereits verheiratet. Zurzeit sind nur drei Personen zu vermitteln:

Frau K:	mollig, rothaarig, 44 Jahre alt
Frau S:	normalgewichtig, brünett, 33 Jahre alt
Herr V:	1,68 groß, 50 Jahre alt, schüchtern

10.1. Aufgabe: Welcher Text gehört in den ovalen Baustein 1?

a) Darf er einen Bart tragen?
b) Darf sie brünett sein?
c) Agentur vermittelt Telefonnummer von Frau K
d) Darf er 1,68 m groß sein?
e) Darf sie rothaarig sein?

10.2. Aufgabe: Welcher Text gehört in den ovalen Baustein 2?

a) Agentur hat nichts zu vermitteln
b) Agentur vermittelt Telefonnummer von Frau S und Frau K
c) Agentur vermittelt Telefonnummer von Frau S
d) Agentur ist unseriös
e) Darf sie mollig sein?

10.3. Aufgabe: Welcher Text gehört in den ovalen Baustein 3?

a) Darf das Alter bis 44 sein?
b) Darf sie brünett sein?
c) Ist der Kunde ein reicher Mann?
d) War der Kunde schon mal verheiratet?
e) Agentur kann nichts vermitteln

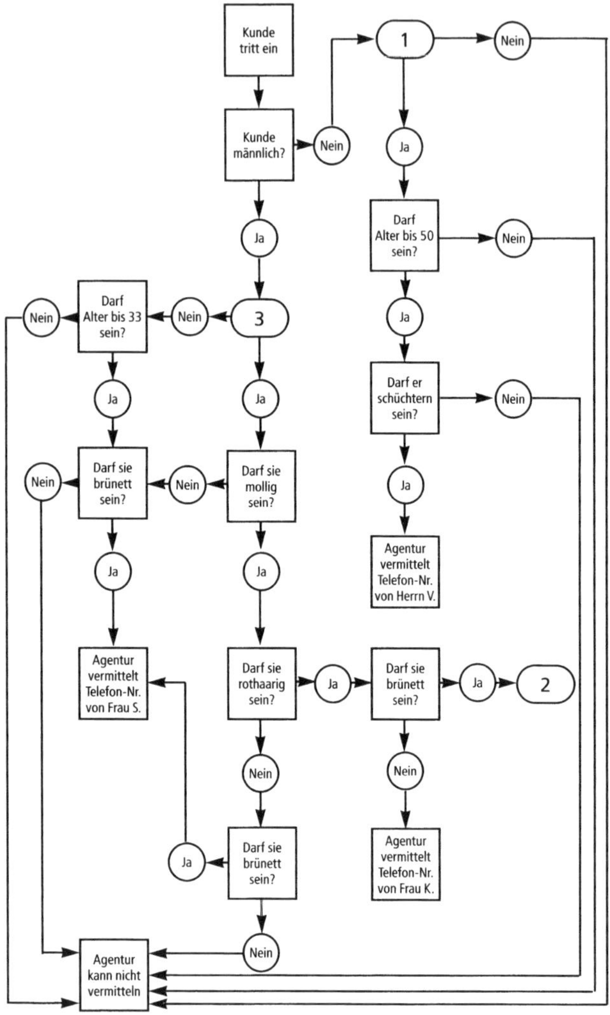
Kunde tritt ein
Kunde männlich?
Nein
Ja
1
Nein
Ja
Darf Alter bis 50 sein?
Nein
Ja
Darf er schüchtern sein?
Nein
Ja
Agentur vermittelt Telefon-Nr. von Herrn V.
3
Nein
Darf Alter bis 33 sein?
Nein
Ja
Darf sie brünett sein?
Nein
Ja
Agentur vermittelt Telefon-Nr. von Frau S.
Ja
Darf sie mollig sein?
Nein
Ja
Darf sie rothaarig sein?
Ja
Darf sie brünett sein?
Ja
2
Nein
Agentur vermittelt Telefon-Nr. von Frau K.
Nein
Darf sie brünett sein?
Ja
Nein
Agentur kann nicht vermitteln

20. Textanalyse

Lesen Sie bitte den folgenden Text und versuchen Sie, den Inhalt zu verstehen. Im Anschluss an den Text finden Sie 7 Sätze bzw. Aussagen (a–g), von denen lediglich einer Teilaspekte des Inhalts korrekt wiedergibt. Alle anderen Sätze enthalten inhaltlich etwas anderes, Falsches bzw. neue Informationen, die im Text nicht vorgegeben sind. Ihre Aufgabe ist es, den Satz bzw. die Aussage herauszufinden, die bestimmte Textinhalte korrekt wiedergibt.

Beispiel:
Zu den wichtigsten Entscheidungshilfen für Ihre persönliche Studien- und Berufswahl gehören neben der Information über die sachlichen und rechtlichen Aspekte der Ausbildung und späteren Berufsausübung Informationsschriften, Bücher, Hörfunk- und Fernsehbeiträge sowie das persönliche Gespräch und die Diskussion mit Freunden und Bekannten. In diesem für Sie nicht einfachen Entscheidungsprozess können auch Gruppenmaßnahmen der Berufsberatung sowie der Besuch von Studien- und Bildungsberatungsstellen in Schulen und Hochschulen, bei Beauftragten für Behindertenfragen wie auch die Teilnahme an geeigneten Volkshochschulkursen weiterhelfen.

a) Entscheidungsprozesse für oder gegen die Studien- und Berufswahl gehören zu den wichtigsten Schritten im persönlichen Leben eines heranwachsenden Menschen.
b) Auch Hörfunk- und Fernsehsendungen können wichtige Entscheidungshilfen für die persönliche Berufswahl darstellen.
c) Durch Gruppenmaßnahmen der Beauftragten für Behindertenfragen können geeignete Volkshochschulkurse gefunden werden.
d) Der nicht einfache Entscheidungsprozess für die richtige Studienwahl wird besonders durch Freunde und Bekannte entscheidend beeinflusst.
e) Schriftliche Informationsmittel gehören neben anderen Medien sowie dem persönlichen Gespräch unter Freunden zu den

wichtigsten Entscheidungshilfen beim Besuch von Studien- und Bildungsberatungsstellen.

f) Entscheidungshilfen durch Beauftragte für Behindertenfragen können eine wesentliche Unterstützung darstellen.
g) Keiner der hier aufgeführten Sätze a–f gibt den obigen Textinhalt korrekt wieder.

Lösung: b.
Nur diese Aussage gibt einen Teilaspekt des Textes richtig wieder.

Für die Bearbeitung der folgenden drei Texte haben Sie 10 Minuten Zeit.

1.

Hauptmerkmale des Aufgabenbereichs Bankkaufmann lassen sich unterscheiden nach Beratungs- und Verkaufsaktivitäten im kundennahen Bereich sowie in Planung, Organisation und Verwaltung im bankinternen Bereich. Hauptfunktionen des kundennahen Bereichs sind u. a. Kontoführung, Einzahlungsverkehr, Geld- und Kapitalanlage, Auslands- und Kreditgeschäfte sowie die sonstige Beratungs- und Vermittlungstätigkeit beim Handel mit Geld, Devisen und Wertpapieren. Demgegenüber sind die Hauptaufgaben des bankinternen Bereichs durch die Organisation automatisierter Datenverarbeitung, Rechnungswesen, Revision sowie Personal- und Ausbildungswesen gekennzeichnet. Nach abgeschlossener Berufsausbildung besteht gegebenenfalls die Möglichkeit, ein berufsbegleitendes Studium an der Bankakademie zu absolvieren, dessen erste Stufe aus einem zweijährigen Lehrgang zur Vorbereitung auf die Prüfung zum Bankfachwirt besteht.

Welche der folgenden Aussagen gibt Teilaspekte des Textinhaltes als Einzige korrekt wieder? Oder ist keine der Aussagen korrekt?

a) Hauptfunktion des kundennahen Tätigkeitsfeldes des Bankkaufmanns ist die Organisation von Datenverarbeitung und Rechnungswesen.
b) Geldgeschäfte durch Devisen und Wertpapiere sind Inhalt des berufsbegleitenden Aufbaustudiums an der Bankakademie.

- c) Personal- und Ausbildungswesen gehören ebenso zu den Aufgaben im bankinternen Bereich wie Planung, Organisation und Verwaltung.
- d) Die erste berufsbegleitende Stufe der Fortbildung an der Bankakademie beinhaltet die Möglichkeit, nach abgeschlossener Berufsausbildung vorwärts zu kommen.
- e) Nach abgeschlossener Berufsausbildung als Bankkaufmann hat man die Wahl zwischen zwei Bereichen und Arbeitsschwerpunkten.
- f) Der kundennahe Bereich im Tätigkeitsfeld des Bankkaufmanns unterscheidet sich nur geringfügig vom bankinternen Bereich.
- g) Keiner der hier aufgeführten Sätze a–f gibt den obigen Textinhalt korrekt wieder.

2.

Die Pädagogik (Erziehungswissenschaft) beschäftigt sich heutzutage mit allen Fragen der Entwicklung und Hinführung des Einzelnen zum selbstständigen und verantwortlichen Leben in Gesellschaft und Gemeinschaft. Damit hat die Pädagogik zugleich der Erziehungswirklichkeit in der Familie und Gesellschaft und in den erzieherischen, insbesondere den schulischen und sozialpädagogischen Einrichtungen konsequent Rechnung zu tragen, wobei sie durch wichtige Nachbarwissenschaften wie Anthropologie, Biologie, Philosophie, Psychologie und Soziologie Unterstützung findet, da hier sowohl die Voraussetzungen als auch die Funktionen von Erziehungs- und Lernprozessen Aufklärung finden.

Welche der folgenden Aussagen gibt Teilaspekte des Textinhaltes als Einzige korrekt wieder? Oder ist keine der Aussagen korrekt?

- a) In erzieherischen sozialpädagogischen Einrichtungen hat die Pädagogik der Erziehungsrealität der Gesellschaft Rechnung zu tragen.
- b) Die Erziehungswirklichkeit wird durch den Einzelnen in der Gesellschaft und Gemeinschaft bestätigt.
- c) Die Pädagogik hat den angrenzenden Wissenschaften wie

Anthropologie, Soziologie und Philosophie Rechnung durch Aufklärung zu tragen.

d) Die Biologie, Soziologie, Psychologie und andere Wissenschaften unterstützen die Pädagogik durch ihre Aufklärungsarbeit von Lernprozessen.

e) Heute beschäftigt sich die Pädagogik vor allem mit erziehungswissenschaftlichen Entwicklungen in Familie und Gesellschaft.

f) Sozialpädagogische Einrichtungen haben die Aufgabe, die Erziehungswirklichkeit im Leben von Gesellschaft und Gemeinschaft selbstständig zu verantworten.

g) Keiner der hier aufgeführten Sätze a–f gibt den obigen Textinhalt korrekt wieder.

3.

Die Musikwissenschaft umfasst als aktuelles Studienfach im Unterschied zu den musikpraktischen und musikpädagogischen Studiengängen – als Beispiel dafür kann die Ausbildung zum Konzertpianist bzw. der Bildungsweg zum Studienrat mit Hauptfach Ausrichtung Musik angeführt werden – vorrangig die theoretischen und historischen Aspekte der Musik. Dadurch bedingt, gliedert sich die Musikwissenschaft einerseits in Musikgeschichte – auch als historische Musikwissenschaft bezeichnet –, andererseits in die systematische Musikwissenschaft sowie in die Musikethnologie, d. h. in die musikalische Volks- und Völkerkunde. Den Kern des musikwissenschaftlichen Studiums bildet jedoch eindeutig die Musikgeschichte, deren Hauptaufgabe es ist, die Entwicklung der Musik von der Antike bis zur Gegenwart zu erforschen. Ebenso gehört die intensive Beschäftigung mit dem Leben und den Werken führender Musiker dazu wie auch das Studium des Wandels der Stile und die Auseinandersetzung mit einzelnen Gattungen und historischen Epochen.

Welche der folgenden Aussagen gibt Teilaspekte des Textinhaltes als Einzige korrekt wieder? Oder ist keine der Aussagen korrekt?

a) Die historische Musikwissenschaft ist ein Untergebiet des musikpraktischen Bildungswegs.

b) Aus musikethnologischer Sicht ist die musikalische Volks- und Völkerkunde ein musikpraktischer Aspekt systematischer Musikwissenschaftsuntersuchungen.
c) Die theoretischen und historischen Aspekte der Musik werden hauptsächlich im Studienfach Musikwissenschaft untersucht.
d) Schwerpunkt des musikwissenschaftlichen Studiums ist die Beschäftigung mit dem Leben und den Werken alter Meister.
e) Musiktheoretische und musikpraktische Studien stehen im Gegensatz zum musikwissenschaftlichen Studium. Eine intensive Auseinandersetzung mit musikalischen Stilwandlungen und historischen Epochen ist Gegenstand musikethnologischer Untersuchungen.
g) Keiner der hier aufgeführten Sätze a–f gibt den obigen Textinhalt korrekt wieder.

21. Interpretation von Schaubildern

Für die auf den nächsten Seiten folgenden 6 Schaubilder und Tabellen (A–F) und die dazugehörigen Fragen haben Sie insgesamt 15 Minuten Bearbeitungszeit.

A. Klima

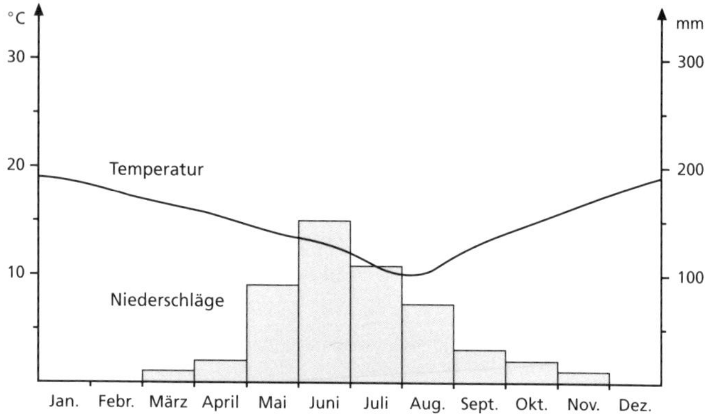

Das Diagramm zeigt Temperatur- und Niederschlagswerte in Santiago (Chile). Welche der folgenden Aussagen ist richtig bzw. falsch?

1. In S. herrscht ein gemäßigtes Klima.
   a) stimmt b) stimmt nicht
2. In den Monaten Juni bis September ist die Temperatur in S. am niedrigsten.
   a) stimmt b) stimmt nicht
3. Die meisten Niederschläge fallen in S. in den Monaten Juni und Juli.
   a) stimmt b) stimmt nicht
4. Die Jahresdurchschnittstemperatur liegt bei ca. 19 Grad Celsius.
   a) stimmt b) stimmt nicht

B. Verstädterung

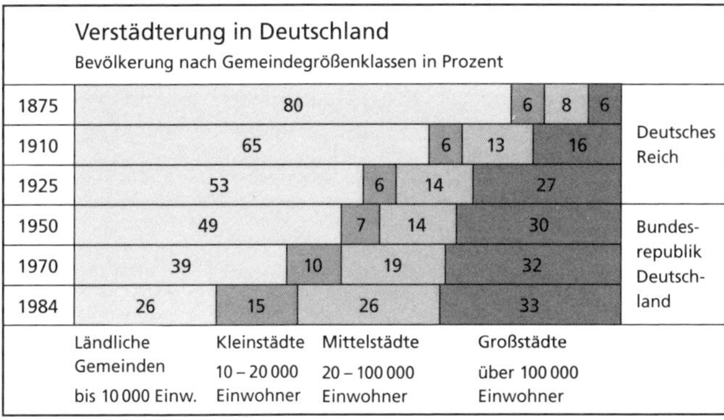

Welche der folgenden Aussagen gibt den Inhalt des Diagramms korrekt wieder?

1. 6 % der Bevölkerung lebten 1874 in Großstädten.
   a) stimmt b) stimmt nicht
2. Der Anteil der städtischen Bevölkerung hat sich von 1874–1985 vervielfacht.
   a) stimmt b) stimmt nicht
3. Die Zahl der Gemeinden unter 10 000 ist in einem Zeitraum von etwas mehr als 100 Jahren deutlich zurückgegangen.
   a) stimmt b) stimmt nicht
4. Ungefähr die Hälfte der Bevölkerung lebte 1970 in Großstädten.
   a) stimmt b) stimmt nicht
5. Zwischen 1875 und 1925 wuchsen die Großstädte am stärksten.
   a) stimmt b) stimmt nicht
6. Die Entwicklung ländlicher Gemeinden entspricht dem Wachstum der Großstädte am deutlichsten zwischen 1970 und 1984.
   a) stimmt b) stimmt nicht

C. Wirtschaft

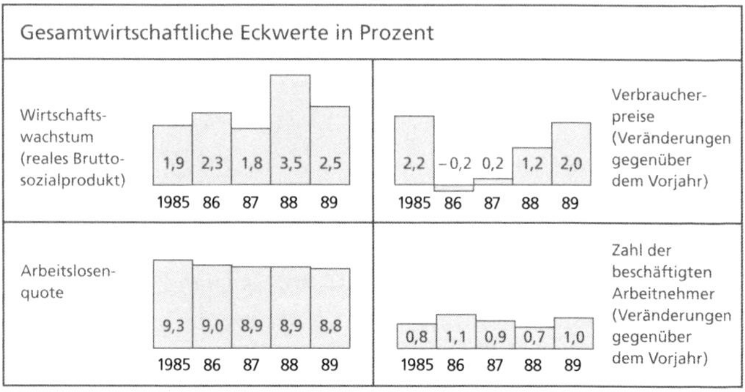

Unter der Bezeichnung »magisches Viereck« versteht man in der Volkswirtschaftslehre die Kombination folgender Daten: Wirtschaftswachstum, Verbraucherpreise, Arbeitslosenquote und Zahl der beschäftigten Arbeitnehmer.

Welche Aussagen sind aufgrund der oben dargestellten Grafik richtig oder falsch?

1. Zwischen 1987 und 1988 hat das Bruttosozialprodukt um 1,7 Mrd. DM zugenommen.
   a) stimmt b) stimmt nicht
2. Das Wirtschaftswachstum hat um 1,7 % zwischen 1987 und 1988 zugenommen.
   a) stimmt b) stimmt nicht
3. Seit 1987 kann man eine Beschleunigung des Preisanstiegs feststellen.
   a) stimmt b) stimmt nicht
4. 1988 lag die Zahl der Arbeitslosen etwas unter 9 Mio.
   a) stimmt b) stimmt nicht
5. 1986 sind die Verbraucherpreise gegenüber 1985 gefallen.
   a) stimmt b) stimmt nicht
6. Seit 1985 hat die Zahl der beschäftigten Arbeitnehmer ständig zugenommen.
   a) stimmt b) stimmt nicht

7. Die Zahl der beschäftigten Arbeitnehmer ist 1988 gegenüber 1985 geringer.
   a) stimmt   b) stimmt nicht

D. Niederschläge und Temperaturen

Die folgende Übersicht zeigt die durchschnittlichen Jahresniederschläge (JN) für vier verschiedene Städte sowie deren Höchst- (HT) und Niedrigsttemperaturen (NT). Im Anschluss daran sollen Sie einige Fragen beantworten.

Jahr	K-Stadt			T-Stadt			M-Stadt			H-Stadt		
	HT	NT	JN	HT	NT	JN	HT	NT	JN	HT	NT	JN
1990	31	07	65	26	12	66	36	04	55	32	14	62
1991	34	06	66	28	16	68	39	05	33	28	17	68
1992	33	07	69	24	13	63	37	07	41	29	17	64
1993	32	07	73	25	18	65	41	06	46	31	13	67
1994	33	08	64	27	16	67	39	05	44	31	15	18

1. In welcher Stadt und in welchem Jahr war die höchste Tages-Durchschnittstemperatur?
2. In welchem Jahr hatte welche Stadt die geringste Jahresniederschlagsmenge?
3. Welche Stadt kann die größten Temperaturschwankungen aufweisen, und wann war das?
4. Welche Stadt hatte in welchem Jahr 100 % mehr Niederschlag als eine andere Stadt im selben Jahr?
5. In welcher Menge hatte welche Stadt von 1990 bis 1994 im Durchschnitt den meisten Niederschlag?
6. Wo war es in den Jahren 1990 bis 1994 durchschnittlich am kältesten?
7. Welche Stadt erreichte 1990 bis 1994 den größten Höchsttemperaturdurchschnitt?
8. Welche Stadt hat in welchem Jahr durchschnittlich die tiefste Niedrigsttemperatur in Relation zum höchsten Jahresniederschlag?

E. Schöne Wirtschaft

Folgendes Wirtschaftsdiagramm zeigt die Entwicklung von Bruttosozialprodukt, Export-Import-Rate, Durchschnittseinkommen der Arbeitnehmer, Zahl der Arbeitslosen, Vorhandensein von Teilzeitarbeitsplätzen sowie die Inflationsrate für einen Zeitraum von vier Jahren (2086–2089).

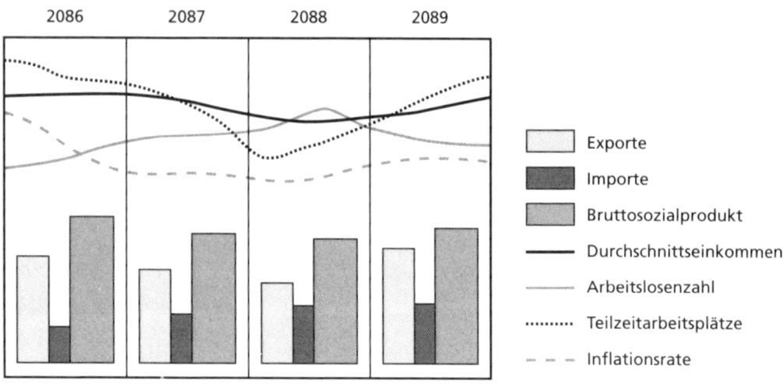

a. Dazu zunächst drei Fragen:

1. In welchem Zusammenhang stehen Zu- und Abnahme von Im- und Export in den Jahren 2086–2089?
2. Wie verhält sich die Zahl der Teilzeitarbeitsplätze in Relation zu den Exportzahlen?
3. Welche Werte (maximal 3) bleiben über den dargestellten Zeitraum relativ stabil?

b. Überprüfen Sie folgende Aussagen (stimmt/stimmt nicht).

1. Im Laufe der Jahre 2086–2089 verändert sich das Bruttosozialprodukt nur geringfügig.
2. Die Exportzahlen fallen gegen Ende der 80er Jahre.
3. Die Arbeitslosigkeit hat 2087 ihren Höhepunkt.
4. Parallel mit der Arbeitslosenzahl entwickelt sich die Inflation.
5. Das Angebot an Teilzeitarbeitsplätzen verhält sich ähnlich wie die Entwicklung der Arbeitslosenzahlen, nur mit umgekehrten Vorzeichen.

6. Gegen Ende der 80er Jahre deutet sich eine positive Stabilisierung der Wirtschaft an.
7. Die Importeure können mit dem Verlauf ihrer Wirtschaftsentwicklungszahlen nicht wirklich unzufrieden sein.
8. Entgegen Behauptungen von Gewerkschaftsseite bleibt das Durchschnittseinkommen relativ stabil.
9. Anfang 2088 ist das Teilzeitarbeitsplatzangebot auf seinem tiefsten Stand.
10. Der Höhepunkt einer kleinen wirtschaftlichen Rezession ist 2087 bereits überschritten.

F. Test-ament

Das Interpretieren von Todesursachenstatistiken gehört zu den »geschmackvollsten« und »einfühlsamsten« Aufgabenpräsentationen, die einem Testkandidaten in der Realität zugemutet werden. Damit Sie in der Stresssituation Test auch psychisch mit diesem belastenden Thema klarkommen, hier ein Vorab-Beispiel:
Die folgende Statistik-Tabelle beschäftigt sich u. a. mit verschiedenen Todesursachen innerhalb einer nicht näher benannten Bevölkerungsgruppe über einen fiktiven Zeitraum 2150 bis 2250. Dabei geht es u. a. um die Sterblichkeitsrate bei internistischen Krankheitsbildern insgesamt (z. B. Tod durch Nierenversagen, Leberzirrhose usw.)
Es werden aber auch einzelne Todesursachen dargestellt, z. B. die Anzahl tödlich ausgegangener Verkehrsunfälle, Tod durch Drogen sowie der Tod durch drei spezielle Krankheiten: Herzinfarkt, Krebs und Aids. Zusätzlich werden die Geburtenzahl und die Neugeborenen-Sterblichkeitsrate angegeben.

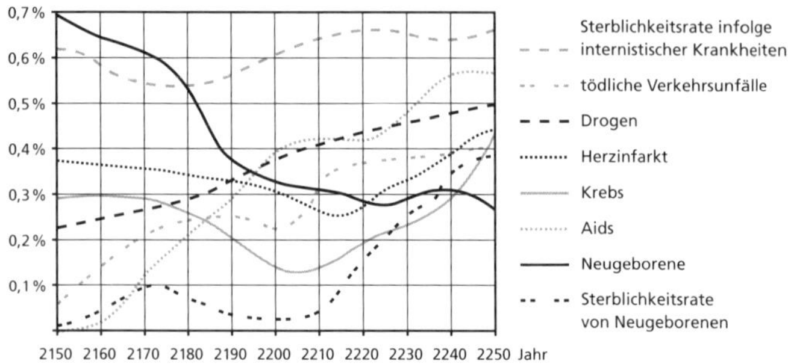

Beantworten Sie bitte zu diesem Diagramm folgende Fragen:

1. Was vermittelt das Diagramm bezüglich der Gesamtsterblichkeitsrate infolge internistischer Todesursachen in der Bevölkerung und der Geburtenrate insbesondere in den 70er und 80er Jahren?
2. Welche Sterblichkeitsrate steigt am stärksten innerhalb des Zeitraums von 2210 bis 2250?
3. Welche Todesarten übersteigen die Neugeborenenrate innerhalb des Zeitraums von 2180 bis 2220 (inkl.)?
4. Zu welchem Zeitpunkt sind Krebstod, tödliche Verkehrsunfälle und Tod durch Aids auf nahezu gleich hohem Niveau?
5. Welche Todesarten bleiben über einen längeren Zeitraum (mindestens 40 Jahre) konstant und steigen um weniger als 0,03 %?
6. Welche Todesursache erreicht nach einem deutlich starken Anstieg eine Plateauphase für etwa 20 Jahre, um dann nach einem Anstieg erneut in eine Plateauphase einzutreten?
7. Welche Todesursache steigt am kontinuierlichsten im Laufe der Jahre 2150 bis 2250?
8. Zu welchem Zeitpunkt ist die Sterblichkeit der nicht näher bezeichneten Bevölkerungsgruppe am größten?
9. Welche Einzeltodesursache fordert die meisten Toten ab 2230?
10. Wie ist die Tendenz der Todesursachen insgesamt?

22. Sprachsysteme

Hier sind zehn Aufgaben, in denen Sie mit einigen Wörtern einer erfundenen Fremdsprache und deren deutscher Übersetzung konfrontiert werden.
Es gilt, die Bedeutung der einzelnen Wörter und die grammatikalischen Regeln und Zusammenhänge der jeweiligen »Fremdsprache« zu erkennen.
Die Aufgaben sind in drei Gruppen zusammengefasst, jede Gruppe bezieht sich auf eine andere Sprache.
Beachten Sie bitte, dass die grammatikalischen Regeln und der Satzbau der jeweiligen Fremdsprache sich möglicherweise von derjenigen der deutschen Sprache und auch untereinander sehr unterscheiden. Es sind nur die Regeln gültig, die sich aus den Zusammenhängen der vorgegebenen Sätze erschließen lassen; Ausnahmen gibt es in den ausgedachten Fremdsprachen nicht. Zur Verdeutlichung:

Beispiel:
fützuft = sie kommt
gütteft = sie geht
güttegü = ich gehe
defützuft = sie kam
Wie heißt nun »Ich ging« in der fiktiven Fremdsprache?
a) degütteft
b) defützuft
c) defützugü
d) degüttegü
e) güttegü
Lösung: d.

Warum ist d richtig? Die Ausdrücke für »sie kommt« und »sie geht«, beides im Präsens, weisen als einzige Gemeinsamkeit die Endung »ft« auf, also muss »ft« für »sie« stehen. Das erlaubt den Schluss, dass die Endung »gü« für »ich« steht: Damit scheiden die beiden ersten Lösungen aus. Vergleichen wir die Ausdrücke »sie kommt« und »sie kam« miteinander, so wird klar, dass die Vergangenheitsform des jeweiligen Verbs durch die Vorsilbe »de« ausgedrückt wird. So ist auch die Lösung (e) mit Sicherheit falsch. Da der Stamm von »gehen« offensichtlich »gütte« und nicht »fütz« (kommen) ist, bleibt dann als Lösung nur (d), denn Lösung (c) ist auch falsch.

Für 3 Aufgabengruppen haben Sie 10 Minuten Zeit.

Erste Aufgabengruppe: Die Luopi-Sprache

wutezippe gag	= die Frau läuft weg
chalchapschie wuteen	= der Mann streichelt die Frau
böddlitzippe düot	= der Hund läuft schnell
bültemüstie böddliten	= die Katze ärgert den Hund

Aufgabe 1: »Die Frau streichelt die Katze« heißt demzufolge:

a) wutezippe bülte
b) wutepschie chalchaen
c) wutepschie bülteen
d) bültemüstie bülteen
e) bültepschie wuteen

Aufgabe 2: »Der Mann ärgert den Hund« heißt dann:

a) chalchamüstie böddliten
b) chalchabülte böddliten
c) chalchamüstie bülteen
d) chalchapschie düot
e) chalchapschie böddliten düot

Aufgabe 3: »Die Katze läuft schnell weg vor dem Hund« kann dann nur heißen:

a) bultezippe böddlitdüot gag
b) bültemüstie gag böddlit düot

c) bültemüstie böddlitzippe düot gag
d) bültezippe böddlitgag düot
e) bültezippe böddlitzippe düot

Zweite Aufgabengruppe: Die Daol-Sprache

yoülidana	= ich aß
yüolidö	= ihr trinkt
yoülidona	= du aßest
yüolidüil	= sie werden trinken
yoülidä	= wir essen

Aufgabe 4: »Er wird trinken« heißt demzufolge:

a) yoülidüil
b) yuöliduil
c) yüolidu
d) yüoliduil
e) yöulidü

Aufgabe 5: »Ich trank« heißt dann:

a) yoülidöna
b) yöulidana
c) yüolido
d) yüolidana
e) yöulidö

Aufgabe 6: »Sie aßen« heißt dann:

a) yoülidüna
b) yoüliduna
c) yöulidüil
d) yöulidüna
e) yüolidüil

Dritte Aufgabengruppe: Die Wüwü-Sprache

pyhyari duomi	= ich koche Eier
wühllyri ririmi	= sie kochen Kartoffeln
gütto midiöllelepzi	= der Koch brät den Fisch
zuotuomi ayuöq	= der Kochtopf ist voll
duogütti diqö	= ich fische gerne
ghnori zuotuoghnori ayuöq	= der Blumentopf ist voller Blumen
kkaotuolepzi asyuöp	= die Bratpfanne ist leer

Aufgabe 7: »Der Fischer fischt Fische« heißt dann:

a) gütti güttridiöllegüttri
b) gütti migütti
c) güttri güttrigütti
d) güttri güttidiöllegütti
e) gütti güttidiölle

Aufgabe 8: »Ich brate gern Kartoffeln« heißt dann:

a) duolepzi wühllyri diqö
b) wühllyri güttoduo diqö
c) ririmi güttolepzimi diqö
d) wühllyri duolepzi diqö
e) wühllyri lepzimi diqö

Aufgabe 9: Was bedeutet dann der Satz »pyhyarituogütto ririlepzi«?

a) der Koch kocht Fischeier
b) ich koche gerne Fisch und Eier
c) der Eiermann brät Fischeier
d) sie braten Fischeier
e) gebratener Fisch mit Eiern

Aufgabe 10: Als Letztes: Wie würden Sie den Satz »Der Eiermann kocht Eierblumensuppe« ins Wüwü übersetzen, wenn Suppe = prödeyo ist?

Bearbeitungshilfen

Test-Tipps – worauf es ankommt

Worauf kommt es wirklich an, wenn Sie sich mit Testaufgaben wie in unserem Buch präsentiert auseinander setzen müssen? Zunächst auf die richtige Vorbereitung. Und da sind Sie mit dieser Lektüre ja mittendrin. Drei Aspekte sind zu berücksichtigen:

› die emotionale,
› die intellektuelle und
› die organisatorische Vorbereitung.

Was heißt das? Machen Sie sich mit der Prüfungssituation »Test« bereits im Vorfeld gut vertraut. Größtmögliche Gelassenheit ist anzustreben. Das bedeutet einerseits die Bereitschaft, wirklich etwas dafür zu tun, damit es klappt. Andererseits darf man seine Enttäuschung nicht zu groß werden lassen, wenn es nicht auf Anhieb gelingt, den angestrebten Arbeitsplatz bzw. die Position zu bekommen.
Machen Sie vor allem Ihr Selbstwertgefühl nicht vom Testergebnis abhängig. Das Testresultat ist kein »Gottesurteil« und sagt absolut nichts über Ihren Wert als Mensch und über Ihre angebliche (Nicht-)Eignung für einen speziellen Beruf bzw. für eine bestimmte Hierarchieebene aus.
Bauen Sie Ihre Test-, Autoritäts- und Wissenschaftsgläubigkeit ab und versichern Sie sich der unterstützenden Solidarität wichtiger Personen Ihrer Umgebung. Zeigen Sie doch einfach mal Besserwissern und Meckerern ein paar Testaufgaben, mit der Aufforderung, diese doch selbst einmal zu lösen …
Ganz wichtig ist das Sammeln von Informationen über Tests und Bewerbungsverfahren bei den für Sie in Frage kommenden Arbeitgebern. Tests kann man – wie vieles im Leben – sehr gut üben (auch wenn man aus verständlichen Gründen von Testanwenderseite versucht, Ihnen gerade dieses auszureden …).
Falls es bei Ihnen um einen beruflichen Einstieg geht: Bewerben Sie sich doch einfach auch mal nur unter dem Aspekt, Test- (und Bewerbungs-)

Erfahrung zu sammeln. Erste Testerfahrungen sollte man besser nicht bei seinem Traum-Arbeitsplatzanbieter sammeln!
Ohne gute Organisation ist alles mindestens doppelt so schwer, und wer zu spät kommt, den bestraft das Leben. Bittere Pillen, um beim Test »cool drauf zu bleiben«, sind keine Lösung, sondern ein unkalkulierbares Risiko.
Bevor wir auf die wichtigsten Bearbeitungsregeln für Testaufgaben zu sprechen kommen, erscheint es uns unbedingt notwendig, noch einmal auf Folgendes hinzuweisen:
Von wissenschaftlicher Seite wird der Ableitung und Vorhersagbarkeit von Testerfolg auf Berufserfolg entschieden widersprochen. Es ist also – wie gesagt – enorm wichtig, sein Selbstwertgefühl nicht vom Testergebnis abhängig zu machen, sondern den daraus abgeleiteten angeblichen Vorhersagen kräftigst zu misstrauen.

Nun die wichtigsten Bearbeitungsregeln für Testaufgaben:

- Nutzen Sie die Zeit der Aufgabenerklärung zu Beginn der Tests: Verdeutlichen Sie sich das Aufgaben- und Lösungsschema, und versuchen Sie, sich an ähnliche, bereits gelöste Aufgaben aus Testtrainingsbüchern zu erinnern. Fragen Sie den Testleiter bei Unklarheiten, solange dazu Gelegenheit besteht.
- Arbeiten Sie so schnell wie möglich, mit einem sinnvollen Maß an Sorgfalt.
- Beißen Sie sich nicht an schwierigen Aufgaben fest, Sie verlieren sonst wertvolle Bearbeitungszeit für andere, vielleicht viel leichtere Aufgaben. In der Regel sind Testaufgaben mit steigendem Schwierigkeitsgrad angeordnet.
- Sind verschiedene Antwortmöglichkeiten vorgegeben, wenden Sie bei Zweifeln bezüglich der richtigen Lösung die folgenden Strategien an:
- Versuchen Sie, falsche Lösungen zu eliminieren, um so die richtige »einzukreisen« (Ausschlussstrategie). Es ist leichter, z. B. unter zwei verbleibenden Möglichkeiten auszuwählen als unter mehreren.
- Raten Sie notfalls lieber die Lösung, anstatt gar nichts anzukreuzen.

Sollte es bei Ihrem nächsten Test nicht klappen, können Sie trotzdem zu den Gewinnern gehören, wenn Sie aus den Erfahrungen lernen und nicht aufgeben. Das mag zynisch klingen, ist aber die Realität. Denken Sie an Lotto-Spieler – die geben auch nicht gleich auf, wenn sie am Wochenende keine sechs Richtigen haben. Bei allem Verständnis für Mühe und Enttäuschungen: Das oberste Bewerbungsgebot heißt nun einmal heutzutage: Durchhalten, nicht aufgeben und weiter bewerben, bis es endlich klappt!

Einmal mehr muss darauf hingewiesen werden: Nicht der Hauptteil der Bewerber und der Getesteten »fällt durch«, sondern Tests und Testanwender sind die eigentlichen Versager.

Noch ein genereller Tipp: Nur Tests mitmachen, wenn man sich absolut gesund fühlt und gut ausgeschlafen hat. Zusätzliche Belastungen neben dem Teststress sind möglichst zu vermeiden oder sollten dann veranlassen, eher einen neuen Testtermin zu vereinbaren. Mit einer guten Begründung kann man dies in der Regel leicht erreichen.

Pünktliches Erscheinen am Testort versteht sich von selbst. Wer abgehetzt zum Testtermin kommt, verschlechtert seine Chancen. Wichtig ist eine Information über die Testdauer. Manche Tests können bis zu acht Stunden dauern. Deshalb ist es ratsam, neben Schreibzeug auch etwas Ess- und Trinkbares dabei zu haben (Traubenzucker, Schokolade etc.).

In Pausen, die es hoffentlich gibt, kann ein Gespräch mit dem Nachbarn, der sicherlich genauso aufgeregt ist wie man selbst, durchaus entspannend wirken. Nach dem Test- und Bewerbungsstress sollte man nicht vergessen, sich zu belohnen. (Was das sein könnte, weiß hoffentlich jeder selbst.)

Da sich einige Aufgaben von selbst erklären, werden diese im Rahmen der Bearbeitungshilfen nicht berücksichtigt.

1. Figurenreihen fortsetzen/ 2. Sinnvoll ergänzen (S. 11/S. 15)

Bei diesem in so genannten Intelligenztests immer wieder auftauchenden Aufgabentyp haben sich die folgenden systematischen Bearbeitungsschritte als hilfreich herausgestellt:
Welcher Unterschied ergibt sich vom ersten zum zweiten Bild, vom zweiten zum dritten usw., ebenso umgekehrt (vom zweiten zum ersten, vom dritten zum zweiten usw.)? Aber auch umfassende Blickwinkel vom ersten zum letzten bzw. umgekehrt könnten zur Lösungsfindung beitragen.
Unter sechs Aspekten kann man die Veränderungen, aber auch die Konstanz der grafischen Elemente überprüfen:

1. Veränderung in Lage und Anordnung einzelner oder mehrerer Elemente
2. Veränderung bei der Anzahl von Elementen
3. Veränderung bezüglich Lage und Anzahl
4. Veränderung in Größe und (Farb-)Gestaltung/Darstellung (z. B. Muster usw.)
5. Veränderung durch Wechsel in der Gestaltung/Darstellung
6. Berücksichtigung der Konstanz der Gestaltung/Darstellung

Ein konkretes Beispiel liefert uns die Aufgabe 18, S. 20:

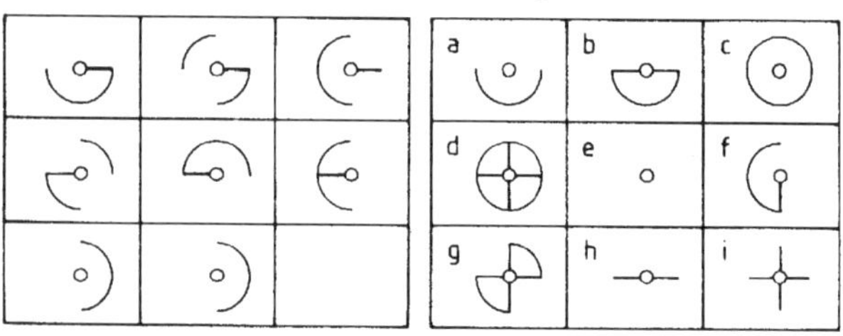

Lösung: e

Erklärung: Hier beherrschen drei Elemente die Szene: der Mittelpunkt, der daran befestigte »Zeiger« und die Kreisteile (am besten in Vierteln eines Zifferblatts vorstellbar, nach dem System 1. Viertel = 12 bis 3, 2. Viertel = 3 bis 6 , 3. Viertel = 6 bis 9, 4. Viertel = 9 bis 12).

Der Mittelpunkt bleibt in allen Figuren erhalten. Leider enthalten auch alle Lösungsvorschläge a–i den Mittelpunkt, sodass die sinnvolle Testbearbeitungsstrategie, nicht in Frage kommende Lösungsvorschläge zu eliminieren (= Ausschlussstrategie), hier (noch) nicht weiterhilft.
Betrachten wir jetzt als zweites Element den »Zeiger«: Er bleibt in der ersten und in der zweiten Zeile jeweils in gleicher, unveränderter Position. In der dritten Zeile gibt es ihn nicht mehr. Wir schließen daraus, dass die Lösungsfigur entsprechend der dritten Zeile keinen Zeiger haben darf. Insofern hilft die Ausschlussstrategie jetzt weiter: Die Lösungsvorschläge b, d, f, g, h und i fallen weg (als Lösungen bleiben nur noch a, c und e übrig).
Nun kommen wir zur Betrachtung des dritten Elements, der Kreisteile (Viertelkreise). Doppelt (d. h. sowohl in der ersten wie in der zweiten Figur) enthaltene Kreisteile fallen in der dritten Figur weg, einmal vorhandene bleiben.
Am Beispiel der ersten Zeile wird dies deutlich: Der Viertelkreis 3–6 ist in der zweiten Figur ebenfalls enthalten und in der dritten nicht mehr. Der Viertelkreis 6–9 in der ersten Figur ist in der zweiten Figur nicht vorhanden, aber in der dritten. Der Viertelkreis 9–12 wird in der ersten Figur nicht verwendet, aber in der zweiten und bleibt deshalb auch in der dritten.
Nach dem gleichen Prinzip ist auch die zweite Zeile aufgebaut.
In der dritten Zeile herrscht das »Gesetz«, dass der Kreis 12–6 (zwei zusammengesetzte Kreisviertel) in den ersten beiden Figuren vorhanden ist und deshalb in der dritten wegfallen muss. Also bleibt als Lösung unter Berücksichtigung der Elemente Mittelpunkt und Zeiger nur e übrig.
Die aufgeführten »Gesetzmäßigkeiten« gelten auch für die Aufgabenbearbeitung in vertikaler Richtung.

4. Zahlenreihen/5. Zahlenmatrizen (S. 22/S. 23)

Dieser Aufgabentyp, der sowohl das logische Denken als auch gewisse Rechenfähigkeiten abprüft, findet sich in diesem Buch in zwei Kapiteln.

Mit folgenden Regeln lassen sich Zahlenreihen »knacken«:

1. Lässt sich das Aufbauprinzip/-system der Zahlenreihe »auf einen Blick« erkennen?

   Beispiel: 3 6 9 12 15 18 ?
   (Einmaleins der 3, also 21, auch für Nichtmathematiker leicht erkennbar)

2. Werden die Zahlen größer oder kleiner (a)
   oder abwechselnd größer und kleiner (b)
   bzw. kleiner und größer (c)?

   Beispiel (a/1): 9 11 12 14 15 17 18 ?
   (Hier wird jede Zahl größer als die vorangehende, das Anwachsen aber ist unregelmäßig; System: +2 +1 +2 +1 usw.; Lösung: 20)

   Beispiel (a/2): 30 25 20 15 10 ?
   (Hier nehmen die Zahlen kontinuierlich ab; System: -5; Lösung: 5)

   Beispiel (b): 15 25 20 30 25 35 30 40 ?
   (Hier nehmen die Zahlen abwechselnd zu und ab; System: + 10 -5; Lösung: 35)

   Beispiel (c): 15 10 20 15 25 ?
   (System: -5 +10; Lösung: 20)

3. Bei einer Zahlenreihe, die nach einem kontinuierlich anwachsenden oder abnehmenden Prinzip aufgebaut ist, berechnet man die Differenzen zwischen den benachbarten Zahlen und versucht dadurch, eine Regelmäßigkeit dieser Differenzen herauszufinden.

   Beispiel: 50 46 42 38 34 30 ?
   (Die Differenz beträgt regelmäßig 4; Lösung: 26)

   Beispiel: 10 11 13 16 20 25 ?
   (Die Zahlenreihe steigt unregelmäßig an, aus den Differenzen erkennen wir das System + 1 +2 +3 +4 +5 usw.; Lösung: +6; 31)

   Sind die Differenzen zwischen den einzelnen Zahlen unregelmäßig und durch Addition oder Subtraktion nicht zu erklären, wachsen oder vermindern sie sich sehr schnell, hat man es mit einer Multiplikation bzw. Division zu tun.

   Beispiel: 100 50 25 12,5 6,25 ?
   (System: geteilt durch 2; Lösung: 3,125)

   Im folgenden Beispiel funktioniert die Regel 3 nicht mehr:

   1 4 16 64 ?

   Die Differenzen (3, 12, 48) ermöglichen kein klares Bild über das System der Zahlenreihe. Der Aufbau ist komplizierter, und hierfür gilt:

4. Wenn bei Anwendung der dritten Regel keine Lösung gefunden werden kann, überprüft man, ob die jeweilige Zahl ein Vielfaches der vorherigen oder der nachfolgenden darstellt. Dabei dividiert man jede Zahl entweder
   a) durch die vorherige Zahl, wenn die Reihe anwachsend ist, oder
   b) durch die nachfolgende Zahl, wenn die Reihe abnehmend ist.
   Stellt man dabei fest, dass der Quotient immer gleich ist, dann ist

dieser im Falle a) mit der letzten Zahl zu multiplizieren; im Falle b) muss die letzte Zahl dadurch dividiert werden.

5. Folgen die Zahlenwerte einer Reihe keinem konstant zunehmenden oder abnehmenden Prinzip, sollte man versuchen,
   1. die Zahlenreihe in zwei oder mehr getrennte Reihen zu teilen, die einem konstanten Aufbauprinzip folgen, und dann
   2. die Regeln 1–4 bei jeder dieser Reihen extra anzuwenden.

   Beispiel: 3 17 14 5 11 8 7 5 ?

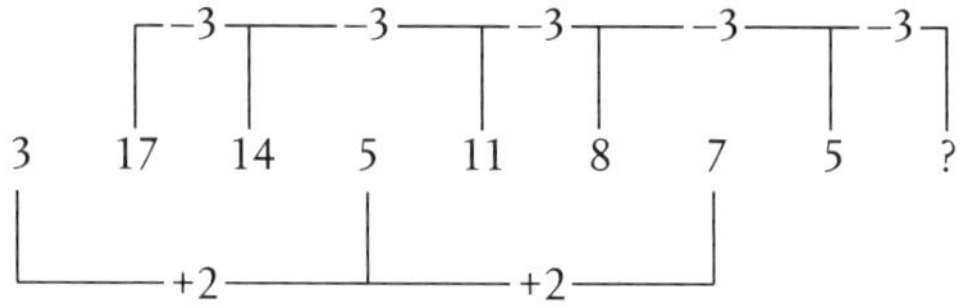

Nach dem Prinzip, getrennte Reihen zu erstellen, finden wir eine Beziehung zwischen den Zahlenreihengliedern 3, 5 und 7 und zwischen 17, 14, 11, 8 und 5 (der erste Schritt also: Zerlegung der Zahlenreihe in zwei getrennte Reihen). Der zweite Schritt ist dann ganz einfach: Die Abstände sind überschaubar, bei der einen Reihe +2, bei der anderen –3. Die richtige Lösung also: 2.

Ein weiteres Beispiel, in dem der Lösungsweg durch drei getrennte Reihen erarbeitet werden kann:

A		+2						–2						+2				–1		
	6		8		16		15		13		26		27		29		58		?	
B						–1						+1								
C			·2						·2						·2					

Die komplizierte Zahlenreihe 6 8 16 … wurde in A, B und C zerlegt (A +2 –2, B –1 +1, C · 2), und damit ist das System überschaubar und »geknackt«.

System: +2 · 2–1 / –2 · 2+1 / +2 · 2–1 / usw.
Lösung: 57.

Die am häufigsten eingesetzten Systeme für Zahlenreihen in den gängigen Testverfahren sind:

Einfache Systeme:

+1 +2 / +1 +2 / ...
+1 +1 / +2 +2 / +3 +3/...
+5 +5 / +6 +6 / +7 +7/...
+3 +5 +7 +9 +11 ... (immer +2)

Ganz einfache Systeme, in der Regel Addition kleinerer Zahlen, befinden sich meistens am Anfang eines Aufgabenblocks mit Zahlenreihen.

Mittelschwere Systeme:

– 2 : 2 / – 2 : 2 / ...
+ 2 · 2 / + 2 · 2 / ...
· 2 + 2 / · 2 +2 / ...
: 2 + 2 / : 2 + 2 / ...
– 5 + 3 / – 5 + 3 / ...
– 2 + 3 – 4 + 5 – 6 + 7 ... (das System wächst jeweils um 1, abwechselnd +/–)
– 2 · 2 / – 3 · 3 / – 4 · 4 / ...
– 1 + 3 / – 1 + 4 / – 1 + 5 / – 1 + 6 / ... (die erste Zahl bleibt gleich, die zweite vergrößert sich um +1)
– 9 · 3 / – 8 · 3 / – 7 · 3 / – 6 · 3 / ...
– 9 · 4 / – 8 · 4 / – 7 · 4 / – 6 · 4 / ...
: 2 + 5 / : 3 + 5 / : 4 + 5 / : 5 + 5 / usw.

Schwere Systeme:

+ 1 + 2 – 3 / + 4 + 5 –6 / + 7 + 8 – 9 / ... (das System: + + –, die Zahlen vergrößern sich kontinuierlich um 1)
+ 2 – 3 · 4 / + 5 – 6 · 7 / + 8 – 9 · 10 / ...
· 3 : 4 – 5 / · 6 : 7 – 8 / · 9 : 10 – 11 / ...

+ 4 + 3 : 2 / + 4 + 3 : 2 / + 4 + 3 : 2 / …
· 3 · 3 – 10 / · 3 · 3 – 10 /…
– 3 : 2 · 3/ – 3 : 2 · 3/ …
: 3 – 7 · 5 / : 3 – 7 · 5 / …
· 3 + 1 : 2 / · 3 + 1 : 2 / …
+ 1 : 2 – 4 / + 1 : 2 – 4 / …
+ 7 – 2 · 1 / + 6 -3 · 1 / + 5 – 4 · 1 / … (hier verändern sich immer die ersten beiden Zahlen)
+ 2 · 2 – 1 / – 2 · 2 + 1 / + 2 · 2 –1 / … (hier verändern sich das erste und das letzte Rechenzeichen)
– 2 · 2 + 2 : 2 / – 2 · 2 + 2 : 2 /…
: 4 + 4 · 4 + 4 /: 4 + 4 · 4 + 4 /…
· 5 – 5 : 5 + 5 / · 5 – 5 : 5 + 5 /…
·7 – 7 : 7 + 7 / · 7 – 7 : 7 + 7 /…

Die hier präsentierten Systeme sind Hintergrund vieler Matrizen- und Zahlenreihenaufgaben, die Ihnen in der realen Testsituation präsentiert werden.
Buchstabengruppen und Buchstabenreihen funktionieren übrigens ähnlich wie Zahlenreihen bzw. einfache Figurenreihen.

7. Dominos (S. 27 ff.)

Sie sehen komplizierter aus, als sie wirklich sind. Im Hintergrund geht es um einfachste Rechenaufgaben (sozusagen mit den Fingern abzuzählen) und die Verwandtschaft zu Zahlenreihen ist aufgrund der Leichtigkeit bei den Domino-Rechnungen eigentlich kaum erwähnenswert.
Wichtig: Schauen Sie sich zunächst einmal die Abfolge der oberen Felder einer Dominoreihe an. Wie verhalten sich die Punkte (Zahlen) zueinander? Meistens wird addiert oder subtrahiert (1, 2, 3 oder 2, 4, 6 etc., aber auch 5, 4, 3 Punkte sind das simple System einer Reihe). In der nächsten Reihe Dominosteine im oberen Feld geht es ähnlich zu. Und in der dritten Reihe ist der letzte Domino-Baustein dann von Ihnen aus einer vorgegebenen Lösungsanzahl auszuwählen.
Haben Sie sich die oberen Felder einer ersten, zweiten und dritten Reihe angeschaut, die sich übrigens nicht notwendigerweise logisch aneinander schließen müssen, machen Sie das mit den unteren Feldern genauso. Auch hier muss sich der dritte Dominostein einer Reihe nicht an den ersten der folgenden Reihe logisch anschließen (er könnte es aber).

Manchmal werden die Zahlensymbole aber auch einfach nur von links nach rechts vertauscht. Ist die Abfolge (in Worten) fünf – drei – zwei, wandert zunächst die Zwei nach vorne, und wir haben zwei – fünf – drei, und danach die Drei, und wir haben drei – zwei – und … ? … , also ein leeres Feld, das jetzt die Fünf tragen müsste. Ein gutes Beispiel dafür ist die Aufgabe 4 auf S. 28. Andererseits können die Zahlensymbole auch durch einfache Rechenoperationen entstehen. Ein Beispiel dafür ist die Aufgabe 13. Dort werden die Zahlen der ersten beiden oberen Felder addiert und ergeben dann die Zahl des dritten Feldes oben.
Mit ein bisschen Übung haben Sie rasch alle Möglichkeiten geknackt, und mit Hilfe der Ausschlussmethode (Welcher Lösungsvorschlag kommt garantiert nicht in Frage?) schnell die Lösungsmöglichkeiten eingegrenzt.

8. Zahlensymbole (S. 32 ff.)

Bei Nichtmathematikern – und wer würde sich da ausschließen wollen – löst dieser Aufgabentypus schnell eine Panikattacke aus. Aber auch hier geht es wirklich nicht um höhere Mathematik oder extremes Abstraktionsvermögen, sondern ein bisschen Mut und Training werden Ihnen helfen, diese relativ simplen Aufgaben zu entschlüsseln.
Natürlich ist die Zeit für die Aufgabenbearbeitung so knapp bemessen, dass Sie nicht jeden einzelnen Lösungsvorschlag überprüfen können, aber wenn z. B. vier gleiche Symbole addiert als Summe ein einstelliges neues Symbol zum Ergebnis haben und die Lösungsvorschläge für die vier gleichen Symbole 2, 3, 4 , 8 und 9 sind, wird schnell klar, dass schon bei 3 (viermal addiert) ein zweistelliges Ergebnis herauskommt, hier aber nur eine einstellige Lösung zugelassen ist. Also kann nur 2 das gesuchte Symbol verkörpern.

Außerdem sollte man sich solche Zahlen merken, die mit sich selbst multipliziert eine Zahl ergeben, bei der die Grundzahl wieder auftritt. Diese sind:

$5 \rightarrow 5 \cdot 5 = 25$

$6 \rightarrow 6 \cdot 6 = 36$

Auch folgende Zahlen sollte man nicht vergessen:

$11 \rightarrow 11 \cdot 11 = 121$

$22 \rightarrow 22 \cdot 22 = 484$

Mit genügend Ruhe und Zeit knacken Sie alle Aufgaben und gewinnen damit an Lösungskompetenz. Das Ihnen präsentierte Aufgabenmaterial entspricht absolut der Testrealität.

9. Wochentage (S. 37 ff.)

Wenn Sie sich mittels einer Vorlage die Schritte langsam verdeutlichen, kommen Sie mit diesem Aufgabentypus besser klar.

Beispiel: Zwei Tage vor vorgestern war Dienstag. Welcher Tag wird übermorgen sein?

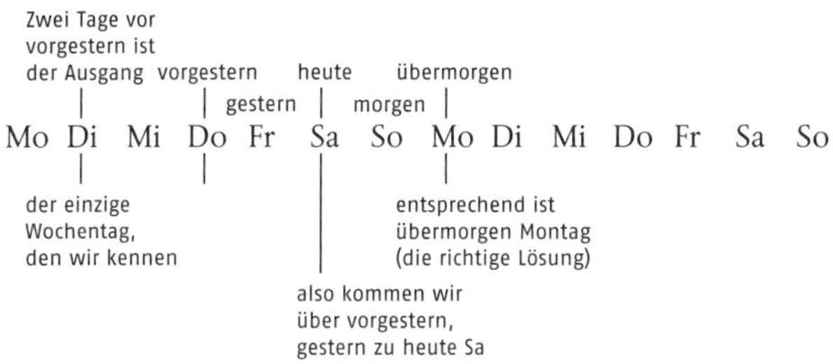

Mit Hilfe einer solchen Übersicht können Sie alle Aufgaben dieser Art bequem lösen.
Zu diesem Aufgabentypus noch eine gute und eine schlechte Nachricht. Die schlechte zuerst: Nachdem Sie sich mit den normalen Wochentagen auseinander gesetzt haben, müssen wir Sie mit der Tatsache bekannt machen, dass es 6 Varianten dieses Aufgabentyps gibt. Sie sind alle deutlich schwerer als das, was Sie eben gemacht haben. So gibt es z. B. eine Definition einer neuen Woche, die nicht mehr von Montag – Dienstag – Mittwoch usw., sondern von einer neuartigen, veränderten Reihenfolge von Wochentagen ausgeht. Da lautet die Woche: Freitag – Mittwoch – Montag – Samstag – Donnerstag – Dienstag – Sonntag. Klar, dass bei einer neuen Definition der Reihenfolge der Wochentage ganz andere Ergebnisse auf solche Fragen, wie sie oben dargestellt sind, herauskommen. Nun aber die gute Nachricht: Zum Glück kommen derartige Aufgaben relativ selten vor (z. B. werden sie gern in der EDV-Branche eingesetzt).

Achtung, Vorsicht: Nur für Logik-Masochisten – hier die sechs Varianten zu diesem Aufgabentyp:

1. Variante:

Die Tage werden nummeriert und mit einer Ordnungszahl 1, 2, 3 ... versehen. In jeder Aufgabe wird ein Wochentag als Basistag bestimmt (immer verschieden).

Relativ leichtes Beispiel:

Der 3. Tag der Woche ist Mittwoch. Heute ist der 6. Tag der Woche. Welcher Tag ist morgen?

Lösung: Sonntag.

(Wenn der 3. Tag der Mittwoch ist, so ist der 6. Tag ein Samstag. Morgen wäre also Sonntag. Basistag, also der 1. Tag, wäre Montag.)

Oder:

Der 7. Tag der Woche ist Freitag. Wenn übermorgen der 5. Tag ist, welcher Tag war der 2. Tag vor vorgestern?

Lösung: Donnerstag.

(Wenn Freitag der 7. Tag ist, so ist der 5. Tag ein Mittwoch, dieser wäre übermorgen. Heute wäre also ein Montag. Vorgestern wäre ein Samstag, zwei Tage davor wäre Donnerstag. Alles logisch!)

Bei diesen Aufgaben muss man den 1. Tag der Woche, den Basistag, herausfinden. Man kann dann anhand der Ordnungszahlen abzählen und schließlich wieder den Wochentag zuordnen. Es ist also ein kleiner Umweg erforderlich. Diese Variante muss natürlich im Kopf erfolgen, denn Notizen sind nicht erlaubt.

Dazu einige Aufgaben:

A.

a) Heute ist der 5. Tag. Welcher Tag ist übermorgen, wenn Samstag der zweite Tag ist?

b) Samstag ist der 4. Tag. Wenn vorgestern der 7. Tag war, welcher Tag wird in vier Tagen sein?

c) Montag ist der 3. Tag. Wenn zwei Tage vor vorgestern der 5. Tag war, welcher Tag ist heute?

2. Variante (schwerer!):

Die Reihenfolge der Wochentage wird umgedreht, sie zählen rückwärts. Statt So-Mo-Di-Mi-Do-Fr-Sa gilt nun So-Sa-Fr-Do-Mi-Di-Mo!

Beispiel:

Die Wochentage zählen rückwärts. Wenn gestern Samstag war, welcher Tag wird morgen sein?

Lösung: Donnerstag.

(Gestern war Samstag, also ist heute Freitag und morgen Donnerstag. Einfach rückwärts zählen!)

So	Sa	Fr	Do	Mi	Di	Mo
	gestern	heute	morgen			

Oder:

Die Wochentage zählen rückwärts. In drei Tagen haben wir Donnerstag. Welcher Tag ist zwei Tage vor morgen?

Lösung: Montag.

(In drei Tagen ist Donnerstag, heute wäre demnach Sonntag, morgen wäre Samstag, zwei Tage zurück Montag – rückwärts gezählt!)

Mo	So	Sa	Fr	Do	Mi	Di	Mo	So
2 Tage vor morgen	heute	morgen	in 2 Tagen	in 3 Tagen				

B.

a) Ein Tag vor vorgestern war Montag. Welcher Tag wird übermorgen sein?

b) Wenn 3 Tage vor morgen Samstag war, welcher Tag wird übermorgen sein?

c) In vier Tagen ist Sonntag. Welcher Tag ist drei Tage vor übermorgen?

3. Variante (Verschärfung):

Die rückwärts zählenden Wochentage werden nummeriert, d. h., wenn Montag der 1. Tag ist, so ist Sonntag der 2. Tag und Dienstag der 7. Tag! Die Nummerierung erfolgt in jeder Aufgabe neu.

Beispiel:

Die Wochentage zählen umgekehrt. Wenn übermorgen der 5. Tag ist, welcher Tag ist dann gestern, wenn der 6. Tag ein Sonntag ist?

Lösung: Donnerstag.

(Der 6. Tag ist Sonntag; der 5. Tag, also übermorgen, wäre ein Montag; wenn übermorgen Montag ist, so ist heute Mittwoch; gestern Donnerstag!)

So	Sa	Fr	Do	Mi	Di	Mo	So	Sa
				heute		übermorgen		
			gestern		morgen		6. Tag	

C.

a) Der 5. Tag ist Freitag. Ein Tag vor vorgestern war der 3. Tag. Welcher Tag wird morgen sein?

b) Heute ist Dienstag. Wenn 3 Tage nach gestern der 2. Tag ist, welcher ist dann der 5. Tag?

c) Vorgestern war der 2. Tag der Woche. Welcher Tag wird in drei Tagen sein, wenn vor vier Tagen Donnerstag war?

Wer glaubt, damit wäre diese Aufgabenart ausgereizt, der irrt sich. Es gibt noch weitere Verschärfungen!

4. Variante (neue Schikane):

Die Reihenfolge der Wochentage wird verschoben.

Statt So-Mo-Di-Mi-Do-Fr-Sa heißt es nun:

erst die ungeraden, dann die geraden Tage: So-Di-Do-Sa-Mo-Mi-Fr.

Diese Reihenfolge ist zwingend für die weiteren Aufgaben!

Beispiel:

Wenn vorgestern ein Samstag war, welcher Tag wird übermorgen in drei Tagen sein?

Lösung: Samstag.

(Vorgestern war Samstag; heute ist also ein Mittwoch, übermorgen ein Sonntag. Drei Tage dazu: Samstag.)

Hier noch ein anderes Beispiel:

Wenn heute Freitag ist, welcher Tag war fünf Tage vor übermorgen?

Lösung: Samstag.

(Übermorgen ist Dienstag, 5 Tage zurück = Samstag.)

D.

a) In drei Tagen wird Freitag sein. Welcher Tag war zwei Tage vor vorgestern?

b) Wenn vier Tage vor übermorgen Mittwoch war, welcher Tag ist heute?

c) Welcher Tag wird zwei Tage nach übermorgen sein, wenn drei Tage vor gestern Montag war?

5. Variante (verschärfte Schikane):

Die Wochentage werden wieder nummeriert, d. h. die neu definierte Reihenfolge So-Di-Do-Sa-Mo-Mi-Fr bleibt, und irgendein Tag wird jeweils wieder zum Basistag bestimmt.

Beispiel:

Gestern war der 3. Tag, Sonntag ist der 6. Tag. Welcher Tag ist morgen?

Lösung: Freitag.

(Wenn Sonntag der 6. Tag ist, so ist, wenn gestern der 3. Tag war, heute der 4. Tag und morgen der 5. Tag = Freitag.)

Oder:

Übermorgen ist der 6. Tag. Welcher Tag ist heute, wenn der 5. Tag drei Tage vor Freitag liegt?

Lösung: Donnerstag.

(Wenn übermorgen der 6. Tag ist, so ist heute der 4. Tag. Basistag ist Freitag, 4. Tag Donnerstag.)

E.

a) Übermorgen ist der 4. Tag. Dienstag ist der 7. Tag. Welcher Tag war gestern?
b) Zwei Tage vor gestern war der 6. Tag. Donnerstag ist der 4. Tag. Welcher Tag ist zwei Tage vor morgen?
c) Heute ist der 3. Tag. Wenn Sonntag zwei Tage nach dem 5. Tag liegt, welcher Tag war dann vorgestern?

6. Variante (die Super-Schikane):

Beibehaltung der Reihenfolge ungerade-gerade; Beibehaltung der Nummerierung, aber die Wochentage verlaufen in umgekehrter Richtung (rückwärts).
Es gilt also jetzt: Fr-Mi-Mo-Sa-Do-Di-So.
Der 1. Tag wird jeweils in der Aufgabe bestimmt. Ist also z. B. der 2. Tag ein Freitag, so ist der 1. Tag ein Sonntag und der 3. Tag ein Mittwoch.

Beispiel:

Die Reihenfolge der Wochentage zählt umgekehrt. Der 2. Tag ist Freitag. In vier Tagen wird der 7. Tag sein. Welcher Tag ist heute?

Lösung: Mittwoch.

(2. Tag Freitag; in 4 Tagen ist der 7. Tag: Dienstag; 4 Tage zurück = Mittwoch.)

F.

a) In zwei Tagen ist der 6. Tag. Samstag ist der 4. Tag. Welcher Tag war vorgestern?
b) Vorgestern war der 4. Tag. Donnerstag liegt zwei Tage nach dem 5. Tag. Welcher Tag wird übermorgen sein?
c) Der 5. Tag ist Dienstag. Welcher Tag ist morgen, wenn vor zwei Tagen der 1. Tag war?

Lösungen (ausnahmsweise hier direkt im Anschluss):

A: a: Donnerstag / b: Montag / c: Sonntag
B: a: Mittwoch / b: Dienstag / c: Freitag
C: a: Mittwoch / b: Donnerstag / c: Donnerstag
D: a: Freitag / b: Freitag / c: Mittwoch
E: a: Donnerstag / b: Freitag / c: Dienstag
F: a: Mittwoch / b: Dienstag / c: Donnerstag

10. Sprach-Analogien (S.39 ff.)

Diese Form der Testaufgaben kommt in fast allen so genannten wissenschaftlichen Tests vor. Man versteht darunter eine Art Gleichung, eine Form der Übereinstimmung zwischen zwei Objekten oder Begriffen, die in einer bestimmten, ähnlichen Beziehung zueinander stehen. Zu unterscheiden sind

- verbale Analogien,
- nichtverbale wie
- numerische und geometrische Analogien,
- doppelte Analogien.

Die Standardanalogie hat die Form
A : B = C : D und wird gelesen:
A verhält sich zu B wie C zu D.

In den Testaufgaben fehlt einer dieser vier Begriffe und ist im Multiple-Choice-System aus einer vorgegebenen Lösungsmenge als allein richtige Antwort auszuwählen.

Bei den doppelten Analogien sind zwei Begriffe aus einer vorgegebenen Lösungsmenge zu ergänzen. Im genannten Beispiel wären das
… : B = C …

Wenden wir uns zunächst den verbalen Analogien zu:

Zwischen zwei Begriffen auf der einen Seite der Gleichung entsteht eine Art Beziehung, die auf der anderen Seite in ähnlicher Weise wiederholt wird, z. B.:
hoch : tief = kurz :… ? …
a) weit b) breit c) schnell d) lang e) unendlich
Die richtige Lösung d passt am besten in diese aufgestellte Wort- oder Begriffe-Gleichung.

Während dieses Beispiel so überschaubar ist, dass die Lösung keine weiteren Probleme bereitet, gibt es Testaufgaben, die einem schon mehr Kopfzerbrechen bereiten können, wie z. B.

Nase : brenzlig = Zunge :… ? …

a) belegt b) sauer c) schmecken d) trocken e) muffig

Die richtige Lösung b erklärt sich dadurch, dass wir mit der Nase etwas riechen können, wenn es angebrannt ist, und zum Schmecken mit der Zunge unter den vorgegebenen Lösungsmöglichkeiten »sauer« diesem Vorgang am besten entspricht (Stichwort: Reiz).

Würde die Aufgabe lauten

Nase : brenzlig = Auge :… ? …

a) Schatten b) Tränen c) weinen d) bunt e) schmutzig,

wäre hier die richtige Analogie d, weil es das linke Verhältnis am besten nachbildet.

Um mit diesem Aufgabentyp besser klarzukommen, gibt es eine Reihe von Aufbauprinzipien. Dabei ist die richtige Verbindungsformulierung der Zugang zur Lösung. Beispiel:

Trauer : Stimmung = Zorn … ? …

a) Ärger b) Wut c) Affekt d) Verlust d) Depression

Mit der richtigen Verbindungsformulierung »Trauer ist eine Art von Stimmung« erreichen wir auch die Lösung c (»Zorn ist eine Art von … ? …«) – Affekt, eine außergewöhnlich heftige seelische Erregung.

Verkompliziert wird das System dadurch, dass bisweilen die Verbindungsformulierung nicht nur auf einer Seite anzuwenden ist, wie bei Trauer : Stimmung oder Nase : brenzlig, sondern eine Beziehung zwischen dem ersten und dem dritten Wort/Begriff herzustellen ist.

Brot : Wein = Getreide : … ? …

a) Weizen b) Butter c) Becher d) Flasche e) Trauben

»Brot wird aus Getreide hergestellt, Wein aus … ? … – Trauben«, wäre hier die richtige Verbindungsformulierung.

Mit den folgenden Beziehungs- oder Verbindungsformulierungen für Wortanalogien können Sie diesen Aufgabentypus besser lösen:

Sprach-Analogien

Gleiche Bedeutung (»bedeutet das Gleiche wie …«)

praktizieren : ausüben = Befreiung : … ? …

a) helfen b) Übergabe c) Verrat d) Rettung e) Täuschung

›Praktizieren‹ bedeutet das Gleiche wie ›ausüben‹, das Substantiv ›Befreiung‹ hat die meiste Ähnlichkeit mit dem Substantiv ›Rettung‹.

Gegensätzliche Bedeutung (»bedeutet das Gegenteil von …«)

nichts : alles = wenig : … ? …

a) viel b) mehr c) Menge d) nein e) meistens

Lösung: a (Gegensatz).

Beschreibung (»ist eine Art von …«)

Liebe : Leidenschaft = Melancholie : … ? …

a) Tod b) Stimmung c) traurig d) Charakter e) Kummer

Lösung: b.

Abstufung (»ist eine schwächere/stärkere Ausprägung von …«)

kühl : eiskalt = schlau : … ? …

a) weise b) interessiert c) genial d) klug e) dumm

Lösung: c

Teilmenge (»ist ein Teil von, aus …«)

Finger : Hand = Blatt : … ? …

a) Blume b) Auto c) Ball d) gefährlich e) Baum

Lösung: e.

Ursache/Folge (»ist eine Ursache von …«/»tritt gleichzeitig auf mit …«)

Fieber : Krankheit = Schweiß : … ? …

a) Glück b) gefährlich c) Anstrengung d) Grippe e) Seele

Lösung: c.

Wirkung/Funktion (»hat die Bedeutung/Funktion/Wirkung von, für …«)

Zahl : Wert = Wort: … ? …

a) Ausdruck b) Form c) Teil d) schön e) Bedeutung

Lösung: e.

Verhältnis (»steht in einem besonderen Verhältnis zu …«)

Mutter : Kind = Henne : … ? …

a) Hahn b) Familie c) Küken d) Bulette e) Ei

Lösung: c.

Anwendung/Werkzeug (»wird benutzt um/von …«)

Amboss : Schmied = Pinsel : … ? …

a) Farbe b) Leiter c) malen d) Handwerker e) Maler

Lösung: e.

Handlung (»ausführen/machen mit …«)

schießen : werfen = Pistole : … ? …

a) Ball b) Gewehr c) Knall d) Schuss e) Wumm

Lösung a. (Mit der Pistole schießen, mit dem Ball werfen.)

Herstellung (»wird gemacht/gewonnen aus …«)

Wolle : Perle = Schaf : … ? …

a) Käse b) Milch c) Ziege d) Auster e) Kette

Lösung: d.

Maßeinheit (»ist Maßeinheit für …«/»ist größere/kleinere Maßeinheit von, für …«)

Zeit : Uhr = Geschwindigkeit : … ? …

a) Hexerei b) Schnelligkeit c) Sekunde d) Tacho e) Geld

Lösung: d.

Lokalisation (»finden wir/befindet sich in, an …«)

Schiff : Meer = Wolke : … ? …

a) Sterne b) Gewitter c) Wind d) Vögel e) Himmel

Lösung: e.

Verknüpfung/Urheberschaft (»ist von …«)

Roman : Konsalik = Kapital : … ? …

a) Engels b) Kapitel c) Brecht d) Marx e) Kapitalverbrechen

Lösung: d.

Nichtverbale Analogien

Hier geht es um Rechenoperationen. Zahlen stehen in einem bestimmten Verhältnis, das es zu analysieren gilt. Bisweilen werden auch Buchstaben eingesetzt, die in numerischer Relation zueinander stehen.

3 : 9 = 4 : … ? …

a) 10 b) 12 c) 20 d) 21 e) 27

Lösung: b ($3 \cdot 3 = 9$; $4 \cdot 3 = 12$)

12: 3 = 16 : … ? …

a) 2 b) 3 c) 4 d) 5 e) 6

Lösung: c.

C : Z = B : … ? …

a) A b) C c) D d) Y e) X

Lösung: d (um eine Stelle im Alphabet zurück)

C : F = M : … ? …

a) N b) P c) X d) L e) A

Lösung: b (P ist drei Buchstaben von M entfernt, wie F von C).

Geometrische Analogien

Statt in Worten oder Zahlen wird die Analogie aus Symbolen gebildet, also z. B.

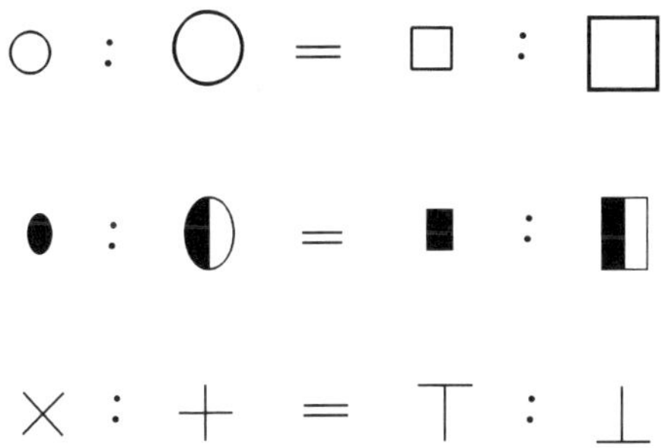

Erklärung: Die 2. Figur ist sozusagen eine stärkere Ausprägung der ersten.

Doppelte Analogien

… ? … : Vater = Tochter: … ? …

a) Kind	A) Familie
b) Schwester	B) Mutter
c) Sohn	C) Kind
d) Junge	D) Oma
e) Mann	E) Enkel

Lösung: c/B.

Hier sollte man in zwei Schritten wie bei den Wortanalogien vorgehen und dann beide auf ihre Kompatibilität untereinander überprüfen. Auf der linken Seite fallen Kind und Schwester sofort raus. Vater : Mann würde passen, wenn auf der rechten Seite Tochter : Frau stehen könnte. Hier ist aber nur Tochter : Mutter verfügbar, und dazu passt nur Sohn : Vater.
Bevor man sich diesem Aufgabentyp zuwendet, sollte man zunächst die Lösungsstrategien der einfachen Analogien trainieren.

11. Grafik-Analogien (S. 45 ff.)

Zu den grafischen Analogien bieten wir Ihnen ein kommentiertes Lösungsverzeichnis.

1d: Außenfigur verschwindet, Innenfigur wird leer.

2e: Schwarzer Halbkreis wird zum schwarzen Dreieck, weißer Halbkreis wird zum schwarzen Kreis.

3b: Quadrat dreht sich um 90° und wird zum Kreis, wobei zwei weitere Linien hinzukommen.

4a: Figur bekommt einen schwarzen Kreis. Figurgröße bleibt unverändert.

5e: Mathematisch: 6/2 = 3/1.

6b: Folge »Kreis-Stern-Kreis-Stern« beachten. 90°-Drehung nach links, Sternchen wird zum Kreis.

7a: Außenfigur fällt weg. Kreis wird gespiegelt, wobei die schraffierten Flächen weiß, die weißen Flächen schraffiert werden.

8c: Figur wird um 180° gedreht. Mittelstrich fällt weg.

9e: Figur wird auf den Kopf gestellt und gespiegelt. Dann werden die Farben vertauscht.

10c: Die Figuren haben eine linke und eine rechte Seite, die durch einen Strich getrennt sind. Die Farben der unteren Hälfte der linken und rechten Seite sind vertauscht.

11a: 90°-Drehung nach links, schraffierte Fläche wird kariert.

12b: Figur ist geviertelt. 45°-Drehung nach links. Die Seiten der weißen Viertel fallen weg, der Kreis rückt zum gegenüberliegenden Viertel.

13d: Drehung um 90° nach rechts. Der Bogen wird durch ein Dreieck ersetzt, die Farben der kleinen Kreise sind vertauscht.

14e: Das Dreieck ist in Relation zu einem Quadrat gesetzt. Beide Figuren decken teilweise eine andere, kleinere Figur (Dreieck/Quadrat), die die »entgegengesetzte« Farbe aufweist. Diese Figur befindet sich beim Quadrat auf der Seite, wo das Dreieck den kleinen weißen Kreis hat. An der rechten Seite des Quadrats (als untere Seite gilt immer die Seite, wo sich das halb verdeckte Quadrat befindet) befindet sich ein kleiner schwarzer Kreis.

15b: Form wird rechteckig, kleiner Außenkreis rückt in die Mitte, dann Drehung um 180°.

16c: Figur ist spiegelverkehrt, wobei aus rund eckig wird und umgekehrt. Darüber hinaus werden die karierten Flächen schwarz und die weißen kariert.

17d: Figur ist spiegelverkehrt. Zwei Seiten der kleinen Dreiecke fallen weg, eine Linie kommt hinzu und schließt die Figur.

18e: Die erste Figur wird um 180° gedreht. Das fehlende Viertelquadrat kommt hinzu plus einem halben Kreis, wobei beide das Muster/die Farbe des gegenüberliegenden Viertelquadrats übernehmen. So ergibt sich die jeweilige zweite Figur.

19e: Das Mittelkreuz wird durch einen Punkt ersetzt. Die Figur ist um 90° nach links gedreht, dabei werden die Farben des Kreises und des Dreiecks vertauscht. Ein zweiter, schwarzer Kreis tritt an der rechten Seite auf (die Figur »steht« auf der Spitze, alle andere Lagen sind Drehungen).

20b: Die eckige Figur entspricht der runden, die um 180° gedreht wurde.

21d: Das schwarze Quadrat rotiert um den Mittelpunkt des weißen Quadrats um 135° nach rechts.

22d: 180°-Drehung. Eine große Figur wird mit einer kleinen ins Verhältnis gesetzt, dabei gilt die Folge »Quadrat-Dreieck-Dreieck-Quadrat«.

23c: Drehung um 90° nach rechts. Schraffierte Fläche wird kariert, Kreis wechselt die Seite.

24a: 90°-Drehung nach rechts, die Farbe der Kreise wird vertauscht.

13. Unmöglichkeiten (s. 52 ff.)

Zugegeben ein Aufgabentyp, der seinen Titel nicht zu Unrecht trägt und viele Testkandidaten schier zur Verzweiflung treibt. Aber auch wenn der Name Programm zu sein scheint: Mit etwas Abstand und Ruhe, vor allem aber Übung ist das dahinter liegende System gar nicht so schwer zu knacken. Lediglich in der Stresssituation Prüfung kann eine erste Begegnung wirklich schockieren und damit lähmend auf die Gehirnzellen wirken.

Es fängt bei der Aufgabenerklärung an. Diese ist wirklich mit aller Sorgfalt und so viel Ruhe und Gelassenheit wie möglich zu lesen und zu verstehen. Worum geht es? Sechs Aussagen werden gemacht, die es zu untersuchen gilt. Ist die Aussage richtig oder ist sie falsch, und gibt es vor allem viele falsche und eine einzige richtige oder umgekehrt viele richtige (präzise: fünf) und nur eine einzige falsche? Wenn Sie das wirklich begriffen haben, sind Sie schon ein ganzes Stück weiter.

Was die Aufgaben dann erschwert, ist bisweilen die Operation mit einer doppelten Verneinung. Hilfreich ist die Vorstellung, dass ein Richter einen Zeugen befragt. Beispiel:

Aussage: *Auf keinen Fall kann man in der Antarktis auf Räuber stoßen.*
Sie als Richter müssen diese Zeugenaussage beurteilen. Warum sollte man unter keinen Umständen in der Antarktis auf Räuber stoßen können? Der Zeuge lügt, die Aussage ist falsch.

Das Gleiche gilt für die nächste Aussage des Zeugen:
Auf keinen Fall kann man in der Antarktis russische Forscher antreffen.
Auch diese »Zeugenaussage« ist als falsch zu beurteilen.

Nächste Aussage:
Auf keinen Fall kann man in der Antarktis englische Touristen sehen.
Auch diese »Zeugenaussage« ist falsch.

Auf keinen Fall kann man in der Antarktis auf Eisbären treffen.
Diese »Zeugenaussage« ist unter zoologischen Gesichtspunkten richtig, denn nur in der Arktis sind Eisbären zu Hause.

Dagegen ist die Aussage, dass man in der Antarktis keine Eskimos besuchen kann und auch nicht Schlittschuh laufen kann, genauso falsch.
Damit hat sich als einzige richtige Zeugenaussage die Eisbären-Aussage bewahrheitet, unter der Voraussetzung, dass Sie über ein gutes zoologisches Allgemeinwissen verfügen, was Ihnen übrigens auch bei der anderen Frage, bei der es um Jaguare in Afrika geht, hilft (die es da nämlich nicht gibt, also kann man sie da auch nicht jagen).
Von Vorteil ist ein gutes physikalisches und chemisches Allgemeinwissen, wegen der Schwerpunkte in diesen Testaufgaben, die nicht der Phantasie der Autoren entspringen, sondern aus der Testrealität stammen.

Aussage: *Unmöglich ist es, ein Lied zu singen ohne …*
a) Notenkenntnis
b) Unterstützung
c) Anteilnahme
d) Energie zu verbrauchen
e) Begleitung
f) Anleitung

Natürlich kann man ein Lied auch ohne Notenkenntnis singen. Natürlich auch ohne Unterstützung, ohne Anteilnahme, aber wohl kaum ohne Energie zu verbrauchen. Lösung d ist als einzig richtige Aussage zu werten, denn e und f stellen keine Unmöglichkeit dar. Es ist sehr wohl möglich, ein Lied ohne Begleitung und auch ohne Anleitung zu singen.

Ein bisschen Übung macht hier wie bei Domino- und Zahlensymbolaufgaben den Meister und lässt den Schrecken verblassen.

14. Schlussfolgerungen (S. 57 ff.)

Die im Text präsentierten Objekte (Währungen, Edelsteine, Personen, die essen gehen, etc.) sind in eine bestimmte Reihenfolge zu bringen. Dabei handelt es sich um eine Rangfolge nach den Kriterien von z. B. Größe, Wert, Leistung, die die Beziehungen der Objekte untereinander auf den ersten Blick deutlich werden lässt.

Nicht immer ist dabei eine eindeutige Beziehung zwischen einzelnen Objekten notwendig, gegeben bzw. möglich, um zur Lösung zu gelangen. Es gibt also auch den Fall, dass keine Aussage (z. B. wer der Größte ist) aufgrund der gegebenen Informationen möglich ist.

Eine wesentliche Hilfe, die Objektverhältnisbestimmung vorzunehmen, liegt in der verkürzten Darstellung, wie schon in Beispiel 1 (Autos) angegeben. Eine andere Darstellungsweise führt ebenfalls zum Ziel.

Wir erhalten die Information: A ist langsamer als C und notieren:

C B
– –
A D

Nun bekommen wir die Information, dass D langsamer ist als B, gleichzeitig aber den Hinweis, dass D schneller ist als C.

B
–
D
–
C
–
A

Jetzt können wir eine eindeutige Rangfolge feststellen.

15. Absurde Schlussfolgerungen (S. 61)

In der Tat, ein Teufelswerk. Wird man damit in einer Bewerbungssituation erstmalig und unvorbereitet konfrontiert, verliert man leicht den Boden unter den Füßen.

Hier noch einmal zwei Übungsbeispiele:

Behauptung: Alle Häuser sind Fische. Alle Fische sind Katzen.

1. Schlussfolgerung: Deshalb sind alle Häuser Katzen.
a) stimmt
b) stimmt nicht

2. Schlussfolgerung: Deshalb sind alle Katzen Häuser.
a) stimmt
b) stimmt nicht

Bevor wir zu erklären versuchen, wie man mit solchen Aufgaben fertig wird, lassen Sie uns bitte darauf hinweisen, dass wir für diesen Logik-Schwachsinn nicht verantwortlich sind, diesen Aufgabentyp wie übrigens auch alle anderen nicht selbst ausgeheckt haben.
Die erste Schlussfolgerung scheint einigermaßen nachvollziehbar (Lösung: 1 a). Bei der zweiten Schlussfolgerung, die ja eigentlich wie die erste konstruiert wurde, gibt es folgende Abweichung: Plötzlich wird ein Umkehrschluss gezogen. Also: Weil alle Häuser Fische und alle Fische Katzen sind, sollen jetzt auch gleich alle Katzen Häuser sein. Das ist aber nicht so ohne weiteres logisch (falls man in diesem Zusammenhang überhaupt noch von Logik sprechen kann). Eine eindeutige Aussage, was Katzen alles sind bzw. sein könnten, liegt nämlich nicht vor (Katzen könnten z. B. auch Menschen sein …). Anders bei allen Häusern und bei allen Fischen! Da gibt es eine klare Definition: Häuser sind … Fische sind … Es könnte also durchaus Katzen geben, die z. B. XY sind und und und …

Zugegeben: ganz schön verwirrend. Noch ein Beispiel dazu (jetzt mal statt »sind« mit »haben«):

Alle Häuser haben Dächer. Alle Dächer haben Schornsteine. Also: Alle Häuser haben Schornsteine.
Stimmt und ist wie das erste Beispiel konstruiert (fast schon nachvollziehbar!).
Aber dass nun alle Schornsteine Häuser haben (wie im zweiten Beispiel rückgeschlossen), stimmt eben nicht.

19. Flussdiagramme (S. 76 ff.)

Die vorn präsentierten Übungsaufgaben sollten Ihnen Gelegenheit geben, sich mit einem bestimmten Aufgabentyp aus gängigen Eignungstests (Fluss- oder Ablaufdiagramm) besser vertraut zu machen.
Es ist nur allzu verständlich, wenn Sie einen starken Widerstand gegen diese Art verwirrender, ungewohnter Aufgabenstellung spüren. Gleichwohl sind Sie in einer Auswahlsituation häufig mit diesem Aufgabentypus konfrontiert und müssen bemüht sein, die Aufgabenstellung optimal zu lösen. Haben Sie erst einmal Ihre Abneigung gegen derlei Aufgaben überwunden, werden Sie feststellen, dass sie im Grunde viel leichter zu lösen sind, als es auf den ersten Blick erscheint.
Geben Sie nicht so schnell auf, sondern beschäftigen Sie sich zuerst mit den Aufgaben 1–3 und steigern Sie sich langsam, denn es wird zunehmend komplexer, aber nicht grundsätzlich schwieriger. Das größte Problem steckt in der Überwindung der psychischen Abneigung gegen derartige Aufgaben.
Auch wenn wir zu diesem Aufgabentypus kein Patentrezept haben: Übung macht den Meister.

21. Interpretation von Schaubildern (S. 104 ff.)

Das inhaltlich zu Aufgabe 19 Gesagte trifft auch in vollem Umfang auf die Interpretation von Schaubildern bzw. Statistiken zu. Der »mentale Block« ist in der Regel der größte Störfaktor. Ganz selten werden Ihnen hoch komplexe Tabellen bzw. Statistiken zugemutet, die mit Fragen verknüpft sind, bei denen Sie sich wirklich den Kopf zerbrechen müssen.

22. Sprachsysteme (S. 111 ff.)

Der Fremdsprachenunterricht in der Schule war Ihnen schon immer ein Gräuel? Wie Sie sehen, ist das noch steigerungsfähig.
Wir erklären Ihnen hier die Lösungen der dritten Gruppe, der zugegeben recht schwierigen Wüwü-Sprache:

Aufgabe 7:
Zuerst stellt man fest, dass die einzige Gemeinsamkeit bei den Sätzen »Ich koche Eier« und »Ich fische gerne« die Vorsilbe »duo« ist:
Also steht »duo« für »ich«.
Dann versucht man das Verb »kochen« zu ermitteln, indem man »ich koche ...« mit »sie kochen ...« vergleicht.
Da zwei Möglichkeiten denkbar wären (»mi« oder »ri«), vergleicht man die beiden in Frage kommenden Silben mit den anderen Sätzen, in denen das Wort »Koch« vorkommt. Hier wird klar, dass die Silbe, die den Zusammenhang eines Wortes mit dem Kochen zum Ausdruck bringt, »mi« sein muss. So heißt »duomi«: Ich koche. »Pyhyari« sind dann die Eier, und man stellt fest, das Objekt kommt bei dieser Fremdsprache vor dem Subjekt. Dann wissen wir auch gleich, dass »wühllyri« die Kartoffeln sind, und da »mi« für das Kochen steht, heißt »riri« »sie«.
Jetzt versuchen wir zu verstehen, wie Fische auf Wüwü heißen. Dazu schauen wir uns den Satz »ich fische gerne« an. Da wir jetzt wissen, dass duo = ich ist und das Verb nach »duo« kommen muss, ist es ganz klar, dass »gütti« das Fischen an sich zum Ausdruck bringt. Außerdem brät der Koch den Fisch, und wie wir jetzt wissen, steht das Objekt am Anfang: Also ist der Fisch = gütto; wir wissen allerdings noch nicht, wie der Plural gebildet wird.
Dazu schauen wir uns noch mal die beiden ersten Sätze an: Hier ist mal die Rede von Kartoffeln, da von Eiern. Beide Wörter sind Plural und haben die gemeinsame Endung »ri«. So kann man davon ausgehen, dass Fische = güttri sind, zumal auch die Blumen (ghnori) die Endung »ri« aufweisen.
Nun gilt es herauszufinden, wie sich der Ausdruck »der Koch brät« zu-

sammensetzt, denn von Braten war bisher keine Rede, und auch nicht von Berufsbezeichnungen wie Koch, Fischer usw. Wo findet man noch etwas, das mit Braten zu tun hat?
Natürlich im letzten Satz, dem mit der Bratpfanne. Denn hier erkennt man, dass das Braten durch »lepzi« ausgedrückt wird, da dieses Wort auch ein Teil des Wortes ist, das »der Koch brät« beschreibt. Wenn lepzi = braten ist, dann liegt es auf der Hand, dass midiölle = Koch ist. In dem Wort steckt auch mi = kochen, d. h., »diölle« drückt die Berufsbezeichnung aus.
Da wir schon wissen, dass fischen = gütti ist, können wir das Wort für Fischer endlich identifizieren: gütti (fischen) + diölle (als Berufsbezeichnung). Also ist der Fischer = güttidiölle.
Wenn der Fischer fischt, muss man das Verb noch anhängen: güttidiöllegütti. Da er Fische fischt und das Objekt zuerst kommt, heißt dann »Der Fischer fischt Fische« »güttri güttidiöllegütti«.
Damit ist auch gleich die Aufgabe 8 gelöst: Das Objekt muss an erster Stelle stehen (hier: wühllyri), (a) ist also falsch; ich brate = duolepzi, gerne = diqö kommt an letzter Stelle, wie bei dem Satz: Ich fische gerne.
Bei der Aufgabe 9 ist die Sache etwas komplizierter. »Pyhyarituogütto« ist ein zusammengesetztes Wort, man erkennt pyhyari (Eier) und gütto (Fisch).
Die beiden Worte »Fisch« und »Eier« sind mit »tuo« verbunden. Das könnte bedeuten: entweder Fischeier (= Eier vom Fisch) oder Fisch mit Eiern bzw. Fisch und Eier, oder aber auch »der Eierfisch«. Wir wissen ja nicht, welchen Regeln die Fremdsprache folgt.
Was wir aber machen können, ist, das Wort »pyhyarituogütto« mit den anderen zusammengesetzten Wörtern zu vergleichen, um Hinweise über die Art der Zusammensetzung zu bekommen.
Und tatsächlich stellen wir gleich fest, dass sich solche Wörter aus einem Vorwort (dieses drückt das Objekt aus, worum es geht), einem Bindewort »tuo« und einem Nachwort bestehen. Das Nachwort scheint auf eine bestimmte Eigenschaft des Gegenstandes, also des Vorworts hinzuweisen.
Bei »zuotuomi«, der Kochtopf, erkennen wir, dass »mi« für das Kochen steht. Dabei ist »tuo« das Verbindungswort, da es auch bei Bratpfanne

und Blumentopf in der gleichen Funktion vorkommt. »Zuo« bedeutet dann offenbar Topf: Wortwörtlich übersetzt ist dann »zuotuomi« der Topf (zum) Kochen. Das Bindewort drückt also eine Beziehung zwischen Topf und Kochen aus; genauso verhält es sich mit dem Blumentopf (zuotuoghnori), wobei »ghnori« die Blumen sind: Topf (für) Blumen. Weiter mit dem letzten Satz : »kkao« muss also für Pfanne stehen, »lepzi« steht ja für Braten. »Kkaotuolepzi« heißt dann Pfanne (zum) Braten.

Zurück bei unserem »pyhyarituogütto« stellen wir fest: Fisch mit Eiern scheidet als Möglichkeit aus, da uns die anderen Beispiele gezeigt haben, dass »tuo« auf eine Eigenschaft (das Nachwort) des Objekts (Vorwort) hinweist und nicht auf das Zusammentreffen von verschiedenen Gegenständen. »Pyhyarituogütto« bedeutet dann hier Eier (vom) Fisch, auf gut Deutsch: Fischeier. Das bedeutet, dass die Lösungen (b) und (e) falsch sind.

Nun, was ist denn eigentlich mit den Fischeiern los? Werden sie gekocht, gebraten, gegessen oder was auch immer …? Na ja, gekocht werden sie natürlich nicht, denn das Verb wird dem Subjekt nachgestellt und heißt hier: lepzi, also braten (Lösung a ist falsch).

Nun bleibt nur noch offen, wer die Fischeier brät. Dieses ist aber jetzt ganz leicht, denn wir wissen bereits, dass riri = sie bedeutet. Das führt zu der Schlussfolgerung: ririlepzi = sie braten. Das Ganze geht, wie man sieht, auch ohne sich Gedanken über die komplizierte Wortkonstruktion von »Eiermann« machen zu müssen.

Selbstverständlich sind auch unterschiedliche Lösungswege denkbar, die Lösung bleibt natürlich immer gleich.

Aufgabe 10:

Es ist fast ein Scherz, so eine Frage zu stellen, aber die Lösung gibt es tatsächlich: prödeyotuoghnorituopyhyari pyhyaridiöllemi. Schön, nicht wahr?

Die Regeln, nach denen sich der Satz bildet, sind bereits in der Erläuterung der anderen Aufgaben enthalten.

In diesem Sinne grüßen wir Sie mit einem fröhlichen sella enier ehcasnevren!

Lösungen

1. Figurenreihen fortsetzen

1d / 2b / 3c / 4e / 5e / 6a / 7d / 8a / 9c / 10b / 11d / 12e

2. Sinnvoll ergänzen

1f / 2b / 3h / 4b / 5e / 6c / 7g / 8b / 9f / 10i / 11c / 12 keine Lösung / 13a / 14d / 15d / 16c / 17f / 18e / 19g / 20e

3. Buchstabengruppen

1c / 2a / 3d / 4e / 5e / 6c / 7c / 8e / 9e / 10e

4. Zahlenreihen

A	24	(· 3 – 3 + 3 …)
B	24	(– 1 + 2 · 3 – 4 + 5 · 6 …)
C	95	(jede Zahl · 2 + 1)
D	96	(· 6 – 6 · 5 – 5 · 4 – 4 …)
E	22	(: 2 + 2 – 2 …)
F	608	(jede Zahl · 3 – 1)
G	9	(: 2 + 2 · 2 …)
H	1	(+ 8 – 15 + 8 …)
I	$^{11}/_{9}$	(: 9 + 9 : 9 …)
J	$^{1}/_{3}$	(jede Zahl – 2 : 3)

5. Zahlenmatrizen

A	8	senkrecht: + 2	waagerecht: + 2
B	9	– 2	+ 3
C	– 6	– 8	– 15
D	$^{2}/_{3}$	: 3	: 6
E	8	· 2	: 4
F	27	· 3	· 4
G	103	+ 13	– 13
H	– 1	– 3, – 4	– 1, – 2
I	0	– 9	+ 17

J	$10\,^2/_3$	: 3, · 4	· 4, : 3

6. Buchstabenreihen

1: 3 / 2: 1 / 3: 4 / 4: 2 / 5: 3

7. Dominos

1b / 2c / 3a / 4b / 5d / 6f / 7c / 8b / 9f / 10d / 11b / 12e / 13a / 14e / 15f

8. Zahlensymbole

1: 2 / 2: 0 / 3: 3 / 4: 1 / 5: 0 / 6: 5 / 7: 1 / 8: 1 / 9: 7 / 10: 3 / 11: 8 / 12: 9 / 13: 2 / 14: 0 / 15: 5 / 16: 3 / 17: 4 / 18: 1 / 19: 0 / 20: 6 / 21: 4 / 22: 9 / 23: 5 / 24: 3 / 25: 1 / 26:6

9. Wochentage

1: So / 2: Do / 3: Do / 4: Fr / 5: Mi / 6: Do / 7: Mo / 8: Mo / 9: Do / 10: Sa

10. Sprach-Analogien

1c / 2e / 3b / 4c / 5e / 6f / 7c / 8e / 9d / 10d / 11b / 12c / 13a / 14c / 15d / 16b / 17c / 18c / 19b / 20c / 21c / 22b / 23d / 24b / 25c / 26b / 27a / 28d / 29c / 30d / 31c2 / 32b3 / 33c1 / 34b1 / 35c2

11. Grafik-Analogien

1d / 2e / 3b / 4a / 5e / 6b / 7a / 8c / 9e / 10c / 11a / 12b / 13d / 14e / 15b / 16c / 17d / 18e / 19e / 20b / 21d / 22d / 23c / 24a

12. Sprichwörter

1d / 2c / 3a / 4c / 5c / 6c / 7a / 8d / 9c / 10c / 11d / 12a / 13a / 14d / 15c / 16d / 17c / 18d / 19d

13. Unmöglichkeiten

1eR / 2cR / 3dR / 4dR / 5cR / 6dF / 7eR / 8dR / 9cF / 10fR / 11cR / 12aR / 13dR / 14dR / 15bR

14. Schlussfolgerungen

1e / 2d / 3c / 4d / 5c

15. Absurde Schlussfolgerungen

1b / 2b / 3a / 4b / 5b / 6a, b, a / 7b / 8d, e / 9b, d / 10b, d, e / 11a / 12b / 13c, e / 14a, b, c / 15 und 16 kein R / 17a, d

16. Komplexe Schlussfolgerungen

1:	a NZB	b WW	c F	d NZB	e NZB
2:	a WW	b WF	c NZB	d W	e F
3:	a NZB	b W	c F	d F	e NZB
4:	a NZB	b W	c WW	d F	e W

17. Nochmals Schlussfolgerungen/Syllogismen

1b / 2a / 3b / 4b / 5b / 6a / 7b / 8b / 9b / 10a / 11b / 12b / 13a / 14b / 15a / 16b / 17b / 18a

18. Meinung oder Tatsache

1b / 2b / 3a / 4b / 5b / 6b / 7a / 8a / 9a / 10a

19. Flussdiagramme

1. Lagerhallen
   1.1.d
   1.2.a
   1.3.b

2. Kurierdienst
   2.1.e
   2.2.d
   2.3.b

3. Murmeln
   3.1.c
   3.2.b
   3.3.d

4. Einbruch
   4.1.a
   4.2.d
   4.3.b

5. Geschirrfabrik
   5.1.c
   5.2.e
   5.3.d

6. Fahrkartenautomat
   6.1.a
   6.2.c
   6.3.d

7. Waschmaschinen
   7.1.d

8. Telefonat
   8.1.b

7.2.a
7.3.d

8.2.e
8.3.a

9. Flugticket
   9.1.b
   9.2.c
   9.3.d

10. Partnervermittlung
   10.1.d
   10.2.b
   10.3.a

20. Textanalyse

1c / 2d / 3c

21. Interpretation von Schaubildern

A. Klima
1a / 2a / 3a / 4b

B. Verstädterung
1a / 2a / 3a / 4b / 5a / 6b

C. Wirtschaft
1b / 2a / 3b / 4b / 5a / 6a / 7b

D. Niederschläge + Temperaturen
1: M-Stadt; 1993 / 2: H-Stadt; 1994 / 3: M-Stadt; 1993 / 4: K-Stadt (66); 1991 gegenüber M-Stadt (33) / 5: K-Stadt; 67,4 / 6: M-Stadt / 7: M-Stadt / 8: K-Stadt, 1993

E. Schöne Wirtschaft
a. 1: Die Exporte sinken, die Importe nehmen zu, bei wieder steigenden Exporten bleiben im Verlauf die Importe auf einem höheren Niveau. / 2: Die Teilzeitarbeitsplätze sinken mit der Exportrate und steigen vor der Erhöhung der Exporte wieder deutlich an. / 3: Das Bruttosozialprodukt und das Durchschnittseinkommen bleiben stabil, kein dritter Wert.
b. 1: stimmt / 2: stimmt nicht / 3: sn / 4: sn / 5: s / 6: s / 7: s / 8: s / 9: s / 10: sn.

F. Test-ament

1: Ende der 70-er/Anfang der 80-er Jahre kreuzen sich die beiden Kurven, und die Gesamtsterblichkeitsrate übersteigt die Geburtenrate. / 2: Die Neugeborenen-Sterblichkeitsrate. / 3: Tödliche Verkehrsunfälle, Aids, Drogentod und die Gesamtsterblichkeitsrate intern. Krankh. / 4: Mitte der 80-er Jahre. / 5: Keine. / 6: Aids. / 7: Drogentod. / 8: Gegen Ende 2250. / 9: Aids. / 10: Deutlich steigend.

22. Sprachsysteme

1c / 2a / 3d / 4d / 5d / 6a / 7d / 8d / 9d / 10
s. Seite 153